零起点学缝纫

手缝×机缝一本通

[日]加藤容子/著

宋菲娅/译

中国纺织出版社有限公司

目录

第2章　工具图鉴

第3章　制作

◇◇

§8 机缝

制作之前

想要做什么？难易点分别在哪里？

有时虽然想着要做东西，但其实脑海中并没有清晰的概念。

为了避免刚开始制作时就因挫折而半途而废，这里先介绍基本的难易点。

Easy! 简单　　Extra!! 中等　　Difficult!!! 困难

【想做衣服】

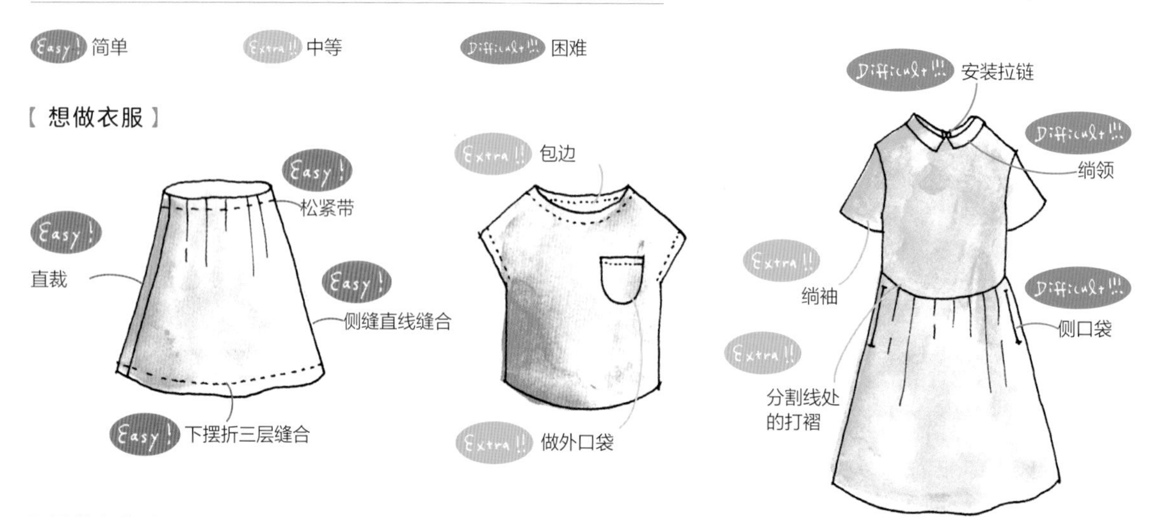

【想做包包】

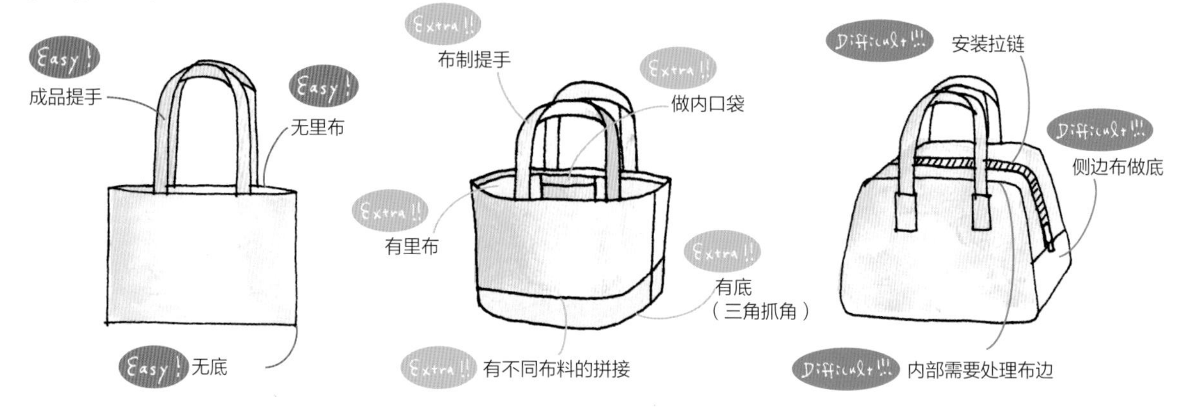

了解准备及制作流程

从准备工具到制作方法，每个步骤都给你详细对策。

【 决定要做什么了吗？ 】

根据想做的成品类型，选择需要准备的材料和工具。

【 准备必要的工具 】材料图鉴 p.10~p.20、工具图鉴 p.21~p.25

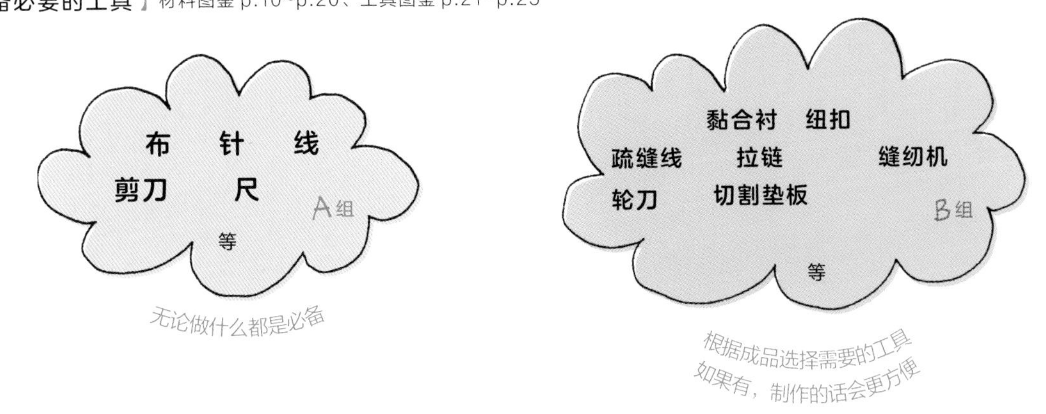

【 按照步骤进行制作 】根据作品不同，有些步骤可以省略

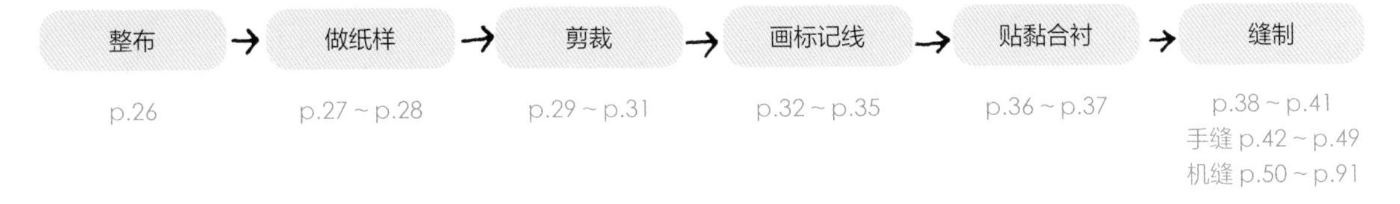

了解术语

如果不是做手工的人，可能并不熟悉衣服和包包各部分的名称。

这里列出了有助于制作顺利进行的一些基本术语。

【衣服各部分的名称】

● 连衣裙

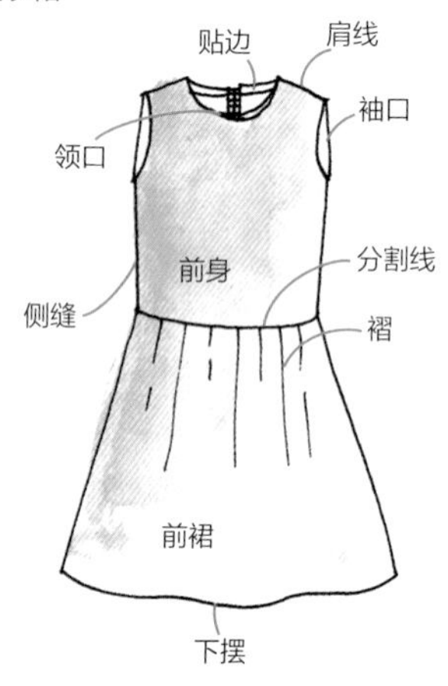

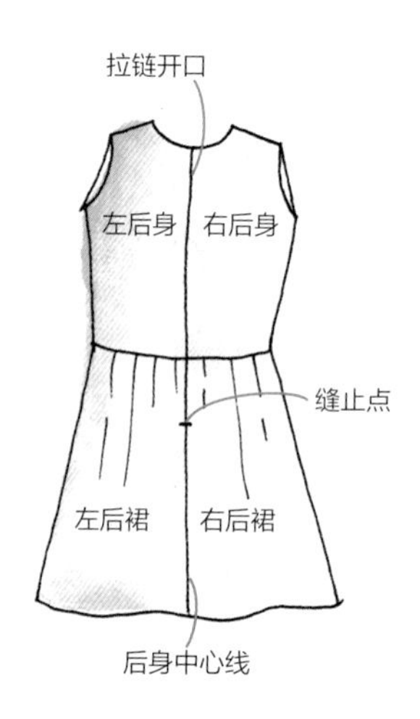

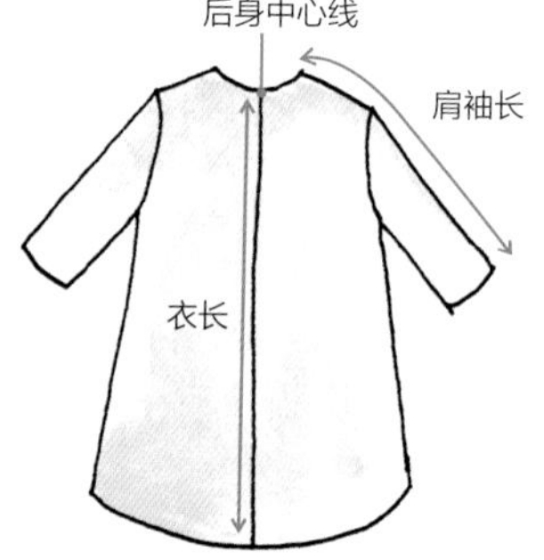

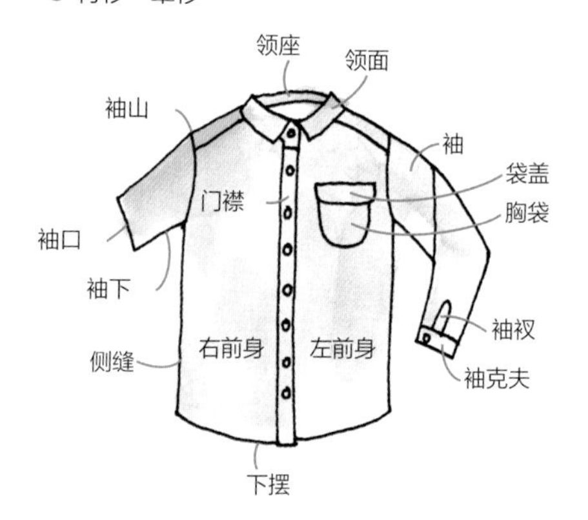

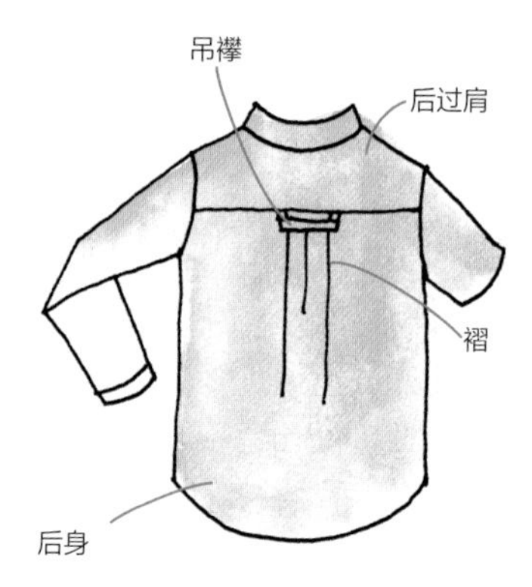

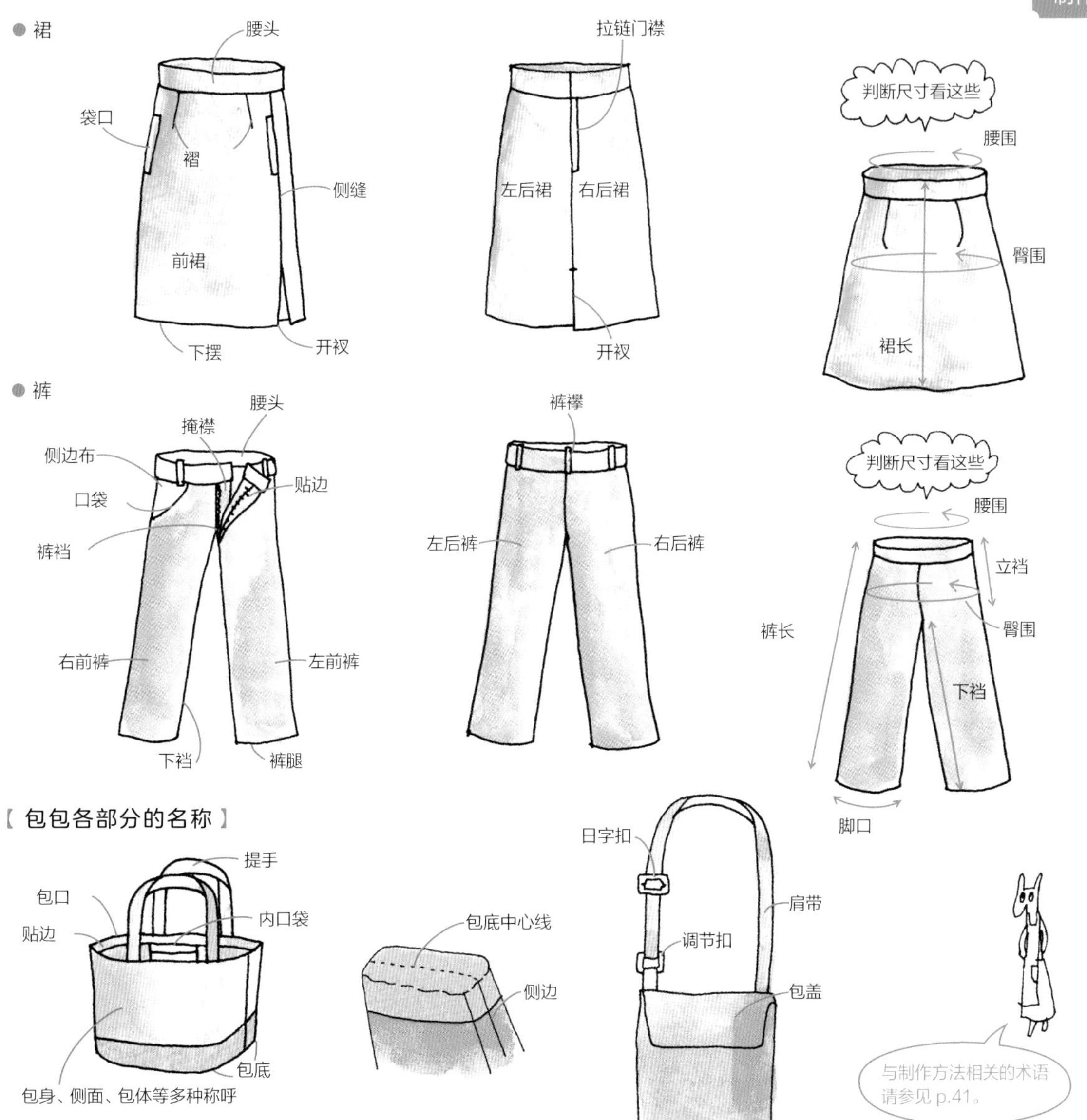

【包包各部分的名称】

与制作方法相关的术语请参见 p.41。

第1章　材料图鉴

§1　布

看到手工店里陈列着让人眼花缭乱、多种多样的布料，很难不激动兴奋啊！
一边有着“好可爱！想要这块布！”的想法涌上心头，但由于实际并不清楚如何选择合适的布料，另一边又有“我能不能做出来”的顾虑和担忧。
那么这里针对初学者，介绍初级缝纫需要了解的布料相关知识。

1. 布的类别

大致可以分为“天然纤维”“化学纤维”“混纺”三大类。

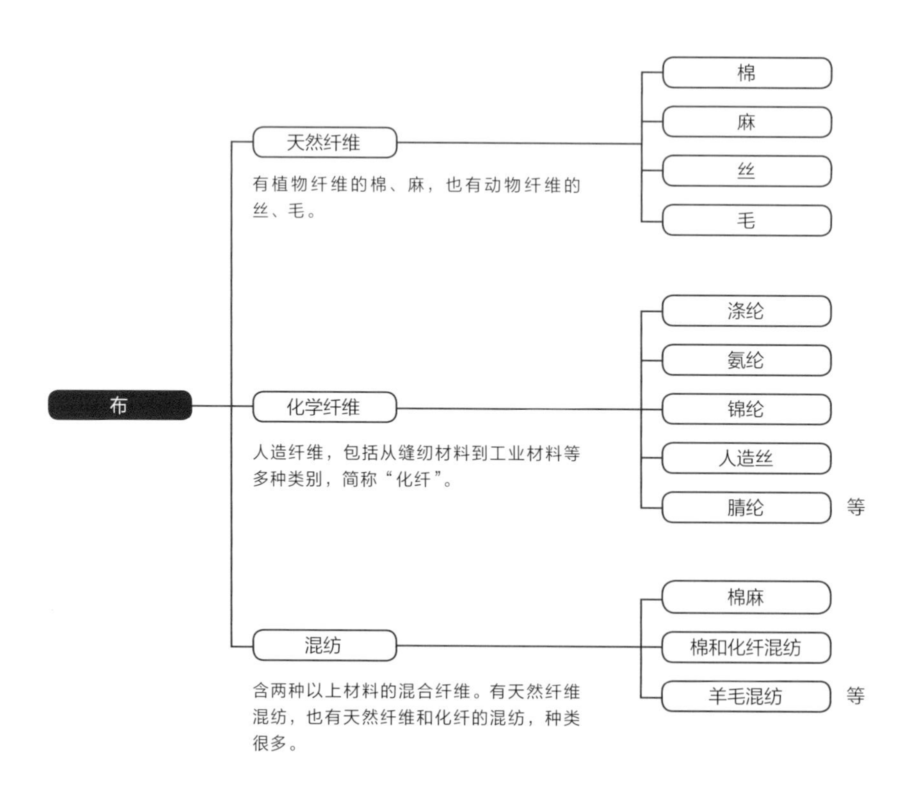

2. 原料

天然纤维

棉（薄）

高支棉

细纱平纹布，织线密。适合春夏衬衫、连衣裙。

纱布

棉纱平纹布，具有吸水性。也有两重的双层纱。

绉布

表面具有纵向均匀绉纹的薄布。经常用于儿童外套和浴衣。

棉（普通）

床单布

因被用作床单而得名。原本是生成色居多。近年来颜色越来越丰富。

绒面呢

与床单布相比，是更有光泽感的平纹棉布。颜色丰富。

劳动布

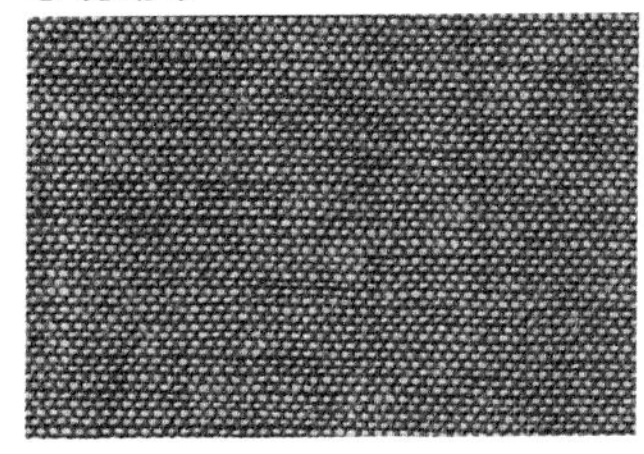

经纱用本白或浅灰色纱，纬纱用色纱，外观像牛仔布，但比牛仔布薄。

青年布

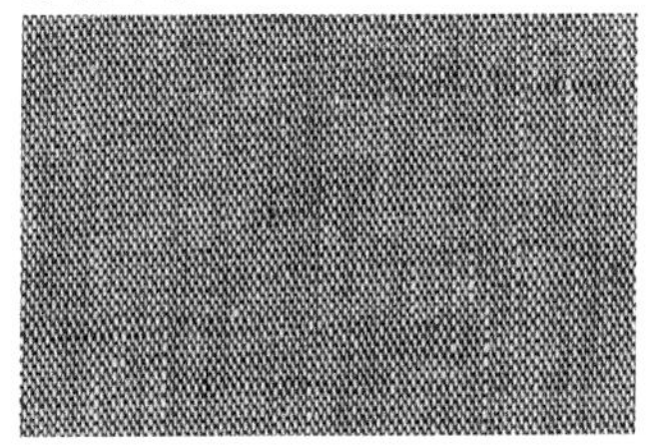

与劳动布相反，经纱用色纱，纬纱用本白或浅灰色纱的平纹棉布。

法兰绒

表面有绒毛的柔软布料。经常用于睡衣和衬衣。

布的名称

同一种布料有时也会有不同的名称。“绒面呢”是美国的叫法，在英国该面料被称作“府绸”。准确来说，“法兰绒”是指棉毛混纺织物，但纯棉和纯羊毛的起绒织物也被称作“法兰绒”。

棉（厚）

○ 帆布

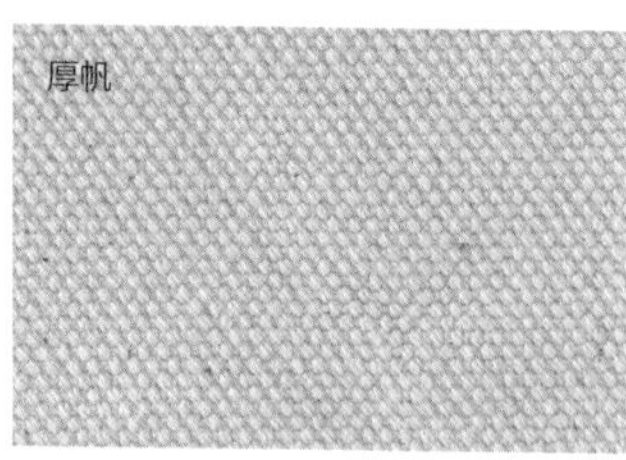

校园里比较常见，是又厚又结实的平纹棉布。厚帆可用作船帆、帐篷、体操垫等。手工一般用 8~11 号的帆布。

帆布的厚度与用途对照表

厚度	号数(#)	用途
厚	1～7	用于体操垫、船具、马具等。家用缝纫机难以操作，不推荐作为手工材料
↓	8	室内装饰、托特包等
↓	9	包包、背囊等
↓	10	包包、围裙等
薄	11	包包等

○ 牛津布

平纹（斜纹）棉布。不易起皱，经常用于衬衣。

○ 天鹅绒

有凸纹的厚布，也叫“灯芯绒”。一般是棉布，也有化纤的。凸纹有多种宽度。

○ 葛城织

厚斜纹棉布，与牛仔布类似。作为白色或彩色牛仔布使用。

○ 牛仔布

经纱用靛蓝色纱，纬纱用本白或浅灰色纱的厚斜纹棉布。弹力牛仔布是棉与氨纶的混纺面料。

盎司

厚度用“盎司”这个单位表示。原本“盎司”是重量单位，一般的牛仔裤使用 14 盎司的牛仔布。数字越小越轻（薄）。

麻

亚麻

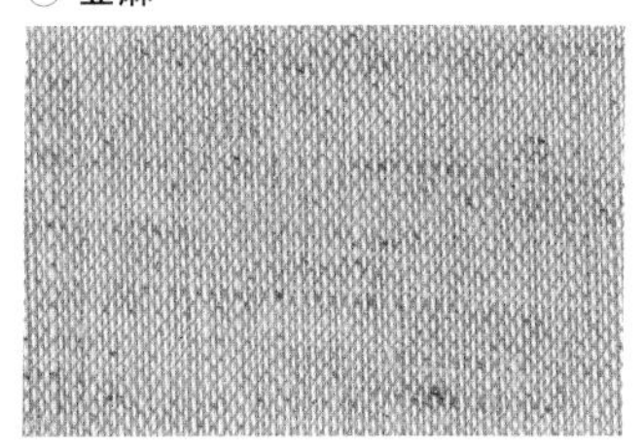

手工用麻布有大麻、亚麻、苎麻等，最常用的还是亚麻。有吸湿性和凉感。

毛

粗花呢

厚毛织物的统称。因具有保暖御寒的功能，常被用作大衣和短外套。

法兰绒

拥有柔软手感的密织斜纹布。常被用于普通西服和西裤。厚度比粗花呢薄。

化学纤维

涤纶

很多衣服都含有这种材料。具有卓越的速干性，不易起皱，与棉或羊毛混纺的材料很多。现在甚至有涤纶线。

氨纶

有弹性，最初用于泳衣，后逐渐也被用在运动服和人造革中。可与其他纤维按照一定比例混合使用。

锦纶

有轻微的弹性。因其结实、不易破损、有一定防水性、适合用于户外服。最为人知的是用于制作筒袜。

人造丝

有光泽、类似绢。常被用于衬布和内衣。注意要轻柔水洗。

腈纶

类似羊毛，保暖性强。因此，常被用于纺织品和毛布等。与羊毛混纺的材料很多。

混纺

棉麻

棉和麻的混纺，也被称为半麻、棉麻。随着混合的比例不同，质感也有所差异。因其有着丰富的花纹，故适合作为手工材料。

棉和化纤混纺

棉和涤纶混纺比较常见，多种化纤和棉的混纺也有。“T/C 绒布”表示涤棉混纺。

羊毛混纺

一般市面上的羊毛布，并非都是 100% 纯羊毛，而是羊毛化纤混纺布比较多。

※ 还有其他类型的化纤，以及各种各样的混纺材料。

加工布

◯ 绗缝布

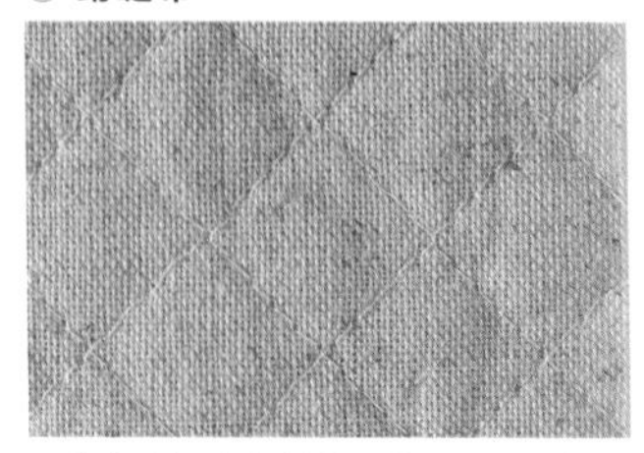

两片布之间含有铺棉，并已经进行格子形状的绗缝。比较保暖。

◯ 覆膜加工

在布面上进行覆膜加工，使之具有防水性。图片中是有光泽的一类，也有无光泽的类型。

◯ 水洗加工

预先用专用机器进行水洗，处理后呈现轻微褶皱的布料。

初学者难以处理的布

◯ 长毛绒

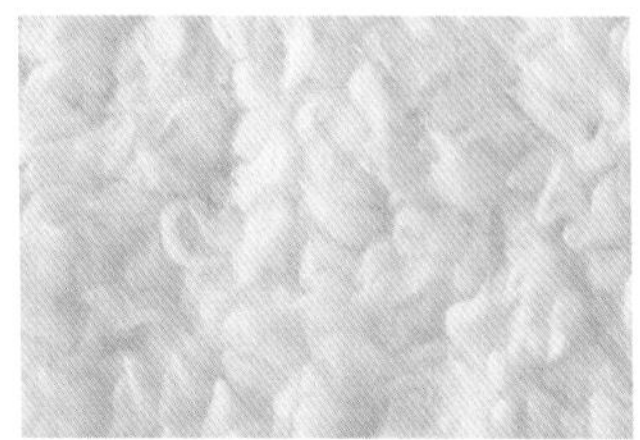

常用作冬季衣物和包包的布料，对初学者来说，布面的细小纤维不易控制，缝纫有难度。

◯ 皮毛

毛比较长，缝合时往往容易将毛带进去。也要注意裁剪时不要剪到毛。

◯ 欧根纱

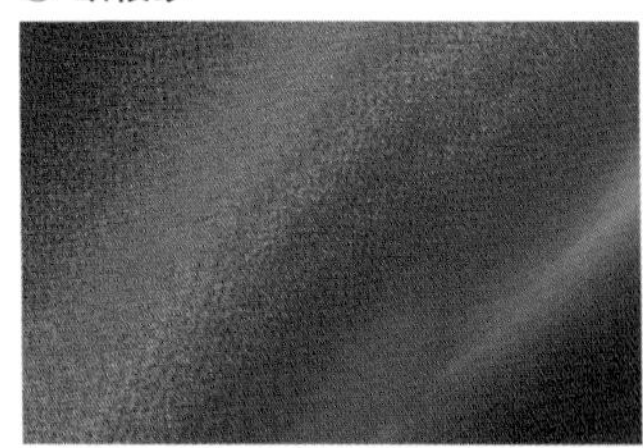

薄而透的面料，推荐给熟练使用缝纫机的人。

◯ 天鹅绒

因为布上有绒毛，缝合时容易错位。

◯ 缎

布料张力小，较滑，缝纫机不好控制。并且容易刮伤，需要特别注意。

◯ 针织布

因为布面有线圈，缝合起来比较困难。缝合时需要专用的针和线。

3. 机织布和针织布

机织布即古时的“布帛”，p.11~p.13 介绍的都是机织布。
针织布是用织针将纱线弯曲成圈并相互串套的织物，要用专用针和线。

平纹布

纺织过程中，经纱和纬纱每隔一根纱交错一次，比如绒面呢、床单布、高支棉、帆布等。

斜纹布

纺织过程中，经纱和纬纱至少隔两根纱才交错一次，即 2 上 1 下或 3 上 1 下，形成斜向布纹，比如劳动布、粗花呢等。

针织布

常见的有竹节棉、莫代尔棉等。市面上也有针织布保持有“线圈”的状态进行售卖。

4. 染色

先染布是先染色再纺织，后染布是先纺织再染色。

先染布

先染色再进行纺织的布料。以素布、格子布和条纹布为代表。

后染布

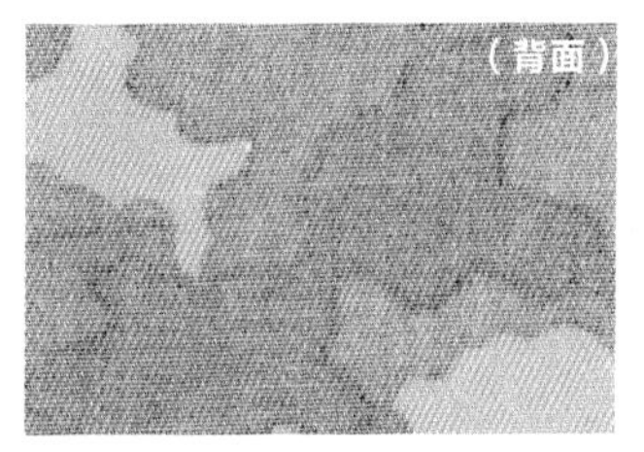

因为是先织布再染色的工艺，所以能有多种多样的颜色和图案。图片中能明显看出布料正面和背面的区别。印花布都属于这一类。

选布的注意点

- 绒毛有方向的布和花纹有方向的布，在裁切时需要注意。（p.30）
- 因为不同布料的伸缩率不同，即使是相同尺寸的布料，在缝合时也会有起皱的现象。
  特别需要注意布纹方向不一致以及厚度不同的布料的缝合。（p.56）

5. 花纹 这里有一些决定布料命名的常见花纹。

○ **方格**

白色与一种彩色线织出的格子花纹。

○ **条纹**

纵向条纹，有不同的宽度变化。

○ **边条**

横向条纹。

○ **马德拉斯格纹**

发源于德国马德拉斯，是由多种彩色线织成的大格子花纹。

○ **苏格兰格纹**

发源于苏格兰，是使用多种彩色线织成的斜纹格子花纹。

○ **组合格纹**

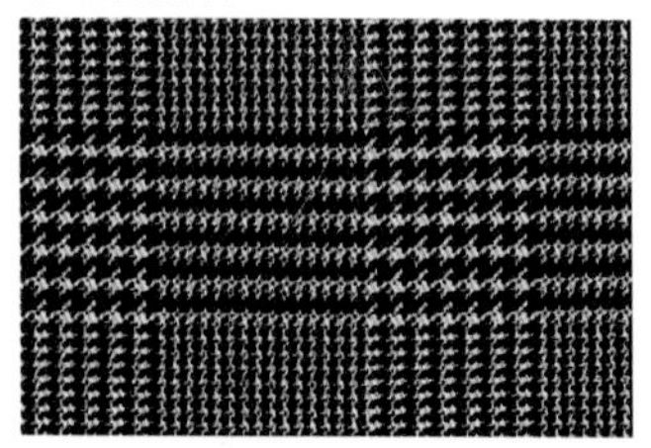

由多种小格子按照一定规律排列组成的大格子花纹。

○ **千鸟格**

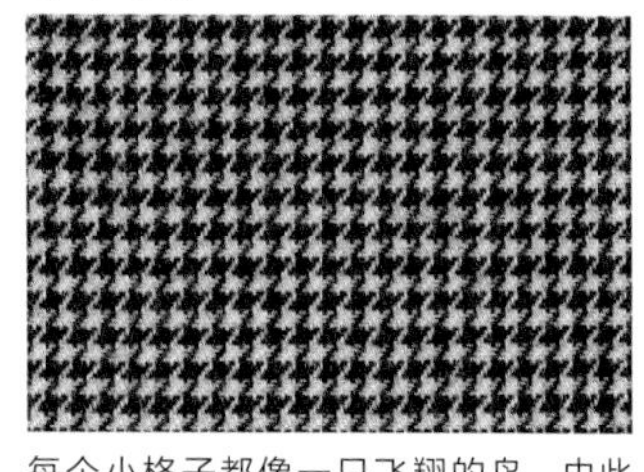

每个小格子都像一只飞翔的鸟，由此得名。

○ **人字格**

由花纹形状得名。同时也像杉木、鱼骨。

6. 关于布还需要了解这些

为了制作起来更得心应手，这里总结了一些需要了解的关于布的知识。

幅宽

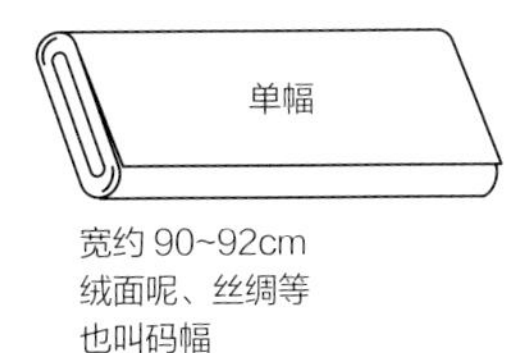

宽约 90~92cm
绒面呢、丝绸等
也叫码幅

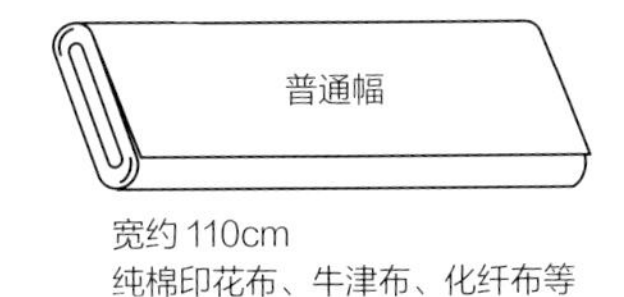

宽约 110cm
纯棉印花布、牛津布、化纤布等

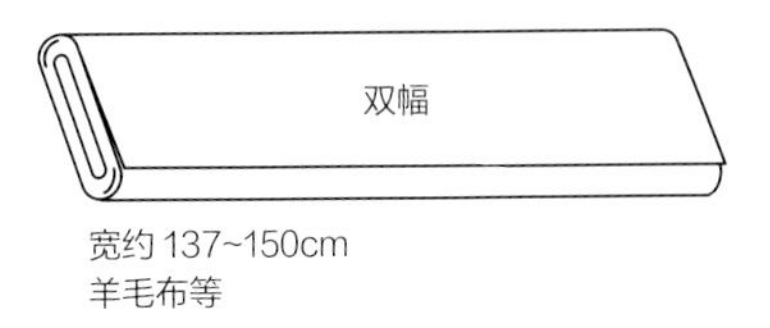

宽约 137~150cm
羊毛布等

市面上的布主要有单幅、普通幅、双幅这三种幅宽。因为幅宽的不同影响着所需要的布的长度，所以在购买时一定要确认好幅宽。
店里也会将布以整卷或者幅宽对折绕在板子上的形式，进行售卖。

布边

布的幅宽两边，进行锁边处理的部分。
这里颜色不同，还会印刷品牌名称。

辨别正反的方法

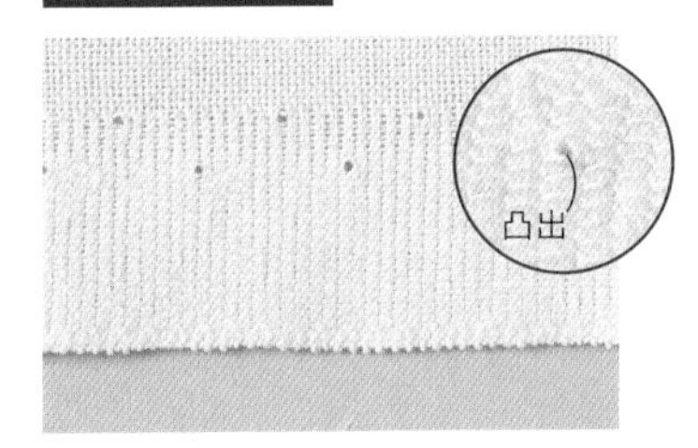

布边上有文字的一面是正面。如果没有文字，可以根据布边上的小孔来辨别正反。小孔凸出的一面是正面。如果难以分辨哪一面是正面，就在一个作品中统一使用同一面作为正面。如果不统一，则会有细微的光泽差异。

纱向

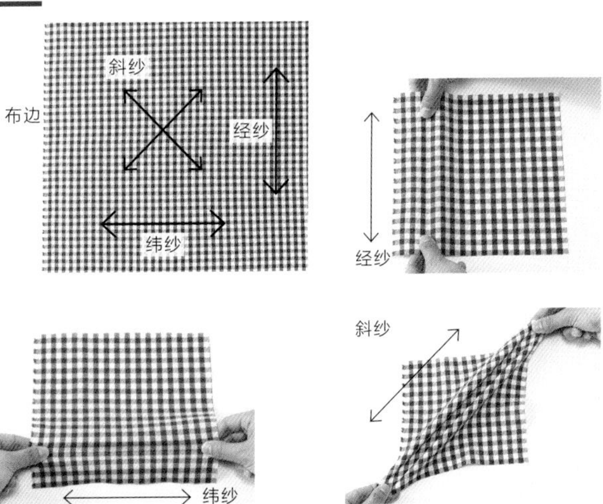

布料纺织的方向被称作“纱向”，与布边平行的是“经纱”，垂直的是“纬纱”，斜向 45° 的是“斜纱”。经纱拉起来没有弹性，纬纱有少许弹性。如果没有布边，可以按照上述图中的方法进行拉扯来分辨纱向。斜纱弹性最大。在纸样或图纸中，用双箭头（↕）来表示纱向。

§2 黏合衬

黏合衬在学校的劳动课中几乎不会用到，所以第一次知道这种东西的肯定也大有人在。
但是要想使作品更上一个台阶，准确合适地使用黏合衬非常重要。
一起来掌握黏合衬的种类和作用吧！

1. 何谓黏合衬

单面有胶的衬，通过熨烫黏合到布上。
贴上黏合衬后，布的张力会比较一致，可以防止变形。粘贴方法参考 p.36。

使用场合

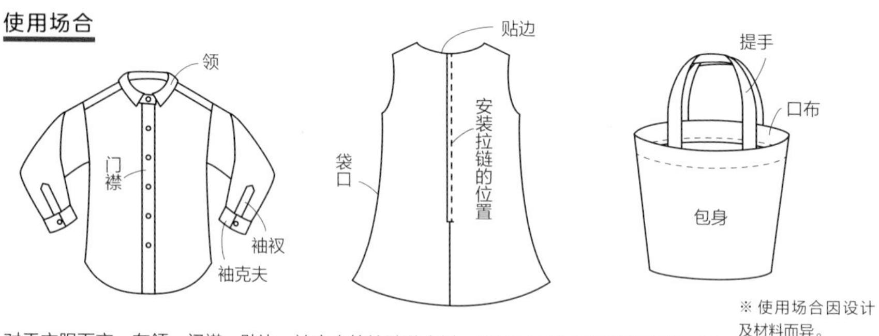

※ 使用场合因设计及材料而异。

对于衣服而言，在领、门襟、贴边、袖克夫等处贴黏合衬，起到对布的加固定型作用。在拉链和袋口的缝份处等细小的地方贴胶带形状的黏合衬比较方便。对于包包等小作品而言，在薄布上贴黏合衬能增加布的张力，在提手上贴还有防皱的作用。

构造

黏合衬背面有热熔胶涂层，经加热后胶粒熔化，从而贴在布上。含胶的一面（背面）如图所示是亮光光的。

2. 种类

有无纺衬和有纺衬两类。另外，还有胶带形状的，以及带胶的铺棉，按需使用。

无纺衬

对初学者友好的种类。有针对大小包型的各种厚度。尽量避免频繁水洗。

有纺衬

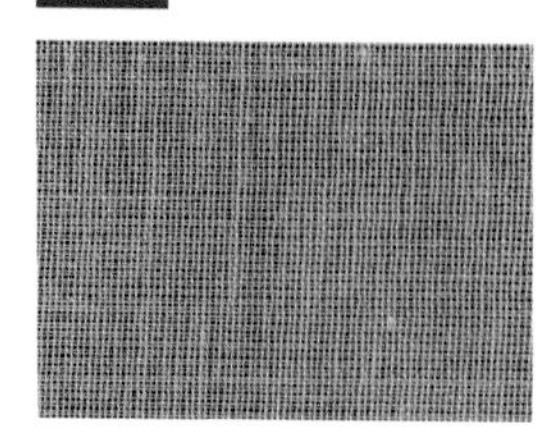

有布纹，有各种厚度。有一定伸缩性，常用于有悬垂感的薄布作品和针织布。

黏合带

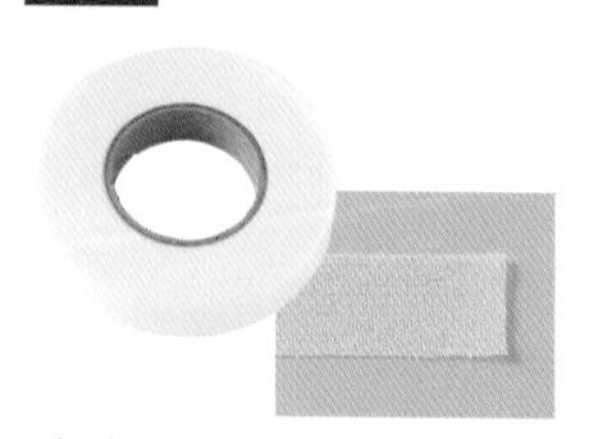

切成 1cm 宽的带状黏合衬，常用在拉链和袋口等位置。

带胶铺棉

铺棉上覆盖一层带胶层，既保持软度，又有一定张力。常用于各种包包。

3. 厚度 从薄到厚有各种厚度。

薄衬的作用多是防止变形和轮廓边缘的定型。

厚衬一般不用于衣服，常用于包和帽子等。

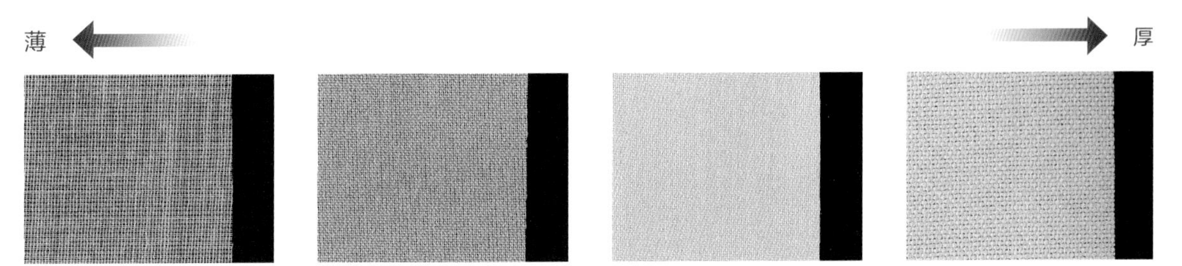

黏合衬的效果差异

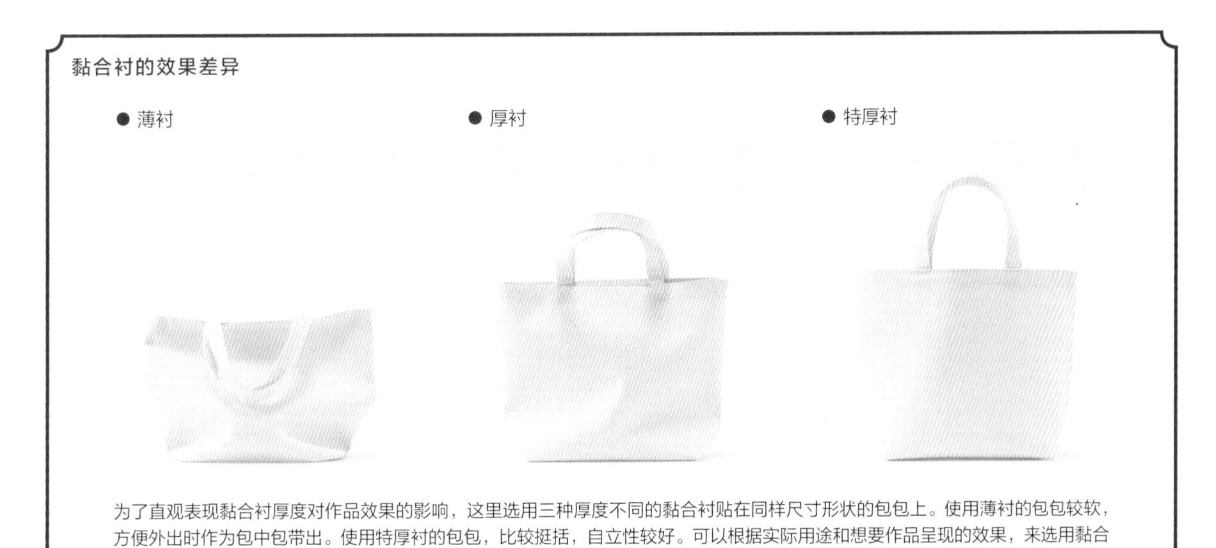

为了直观表现黏合衬厚度对作品效果的影响，这里选用三种厚度不同的黏合衬贴在同样尺寸形状的包包上。使用薄衬的包包较软，方便外出时作为包中包带出。使用特厚衬的包包，比较挺括，自立性较好。可以根据实际用途和想要作品呈现的效果，来选用黏合衬，享受做出更加广泛多样的作品的乐趣。

§3　线

虽然外观看起来差不多，但不是所有人都知道这些线的用途，并能正确使用的。

手缝线和机缝线的捻向不同，重要的是如何根据布料厚度选择合适粗细的线，使做出来的作品既美观又结实。

1. 手缝线

手缝线是手缝时使用的正手捻（S 捻）线。

粗细用“线号”表示，线号越小线越粗。

安装纽扣时可以使用稍微粗一点的专用线，便于固定。

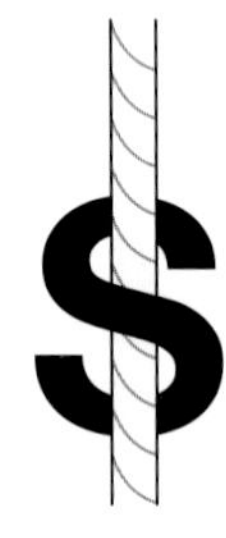

2. 机缝线

机缝线是使用缝纫机时配套用的较坚韧的反手捻（Z 捻）线。

一般分为薄布用（#90）、普通布用（#60）和厚布用（#30）三种类别，针织布有专用的机缝线。

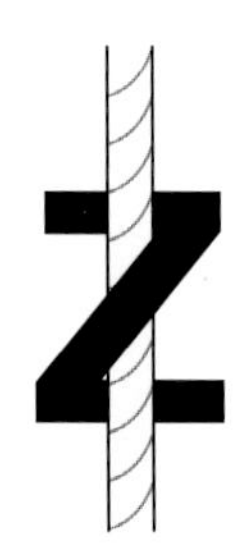

3. 疏缝线

疏缝专用线。

有白色，也有彩色。疏缝时通常使用彩色线。

※ 本书中，为了方便辨认，一律使用彩色疏缝线。

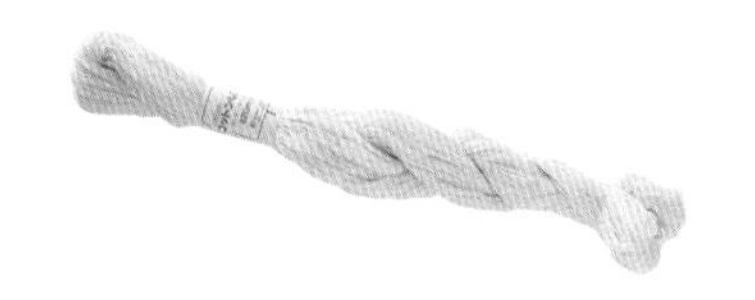

第2章 工具图鉴

1. 做纸样、标记

制作纸样和在布上做标记时需要用到的工具。

必备工具

拷贝纸

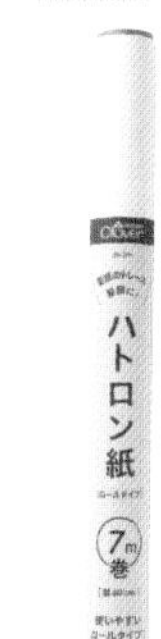

转印实物等大图纸时，或者自己制作纸样时使用。

画粉笔

可消笔

布用自动铅笔

画粉笔是笔型的画粉，有替换装。可消笔有遇水消失或自然消失两种。布用自动铅笔的笔芯比一般的铅笔更软，易于在布上画细线。

转印纸

有单面和双面两种，转印刺绣图案时使用单面的。有多种颜色，选择在布上显色明显的使用。

滚轮

配合转印纸在布上转印图案时使用。选择齿尖是弧形的，不会伤布和垫板。

方格尺

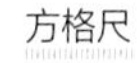

卷尺

测量布和纸样的尺寸，做标记时使用。方格尺可以很便利地画出垂直线、平行线。卷尺则用来测量曲线部分的尺寸。

让操作更便利的工具

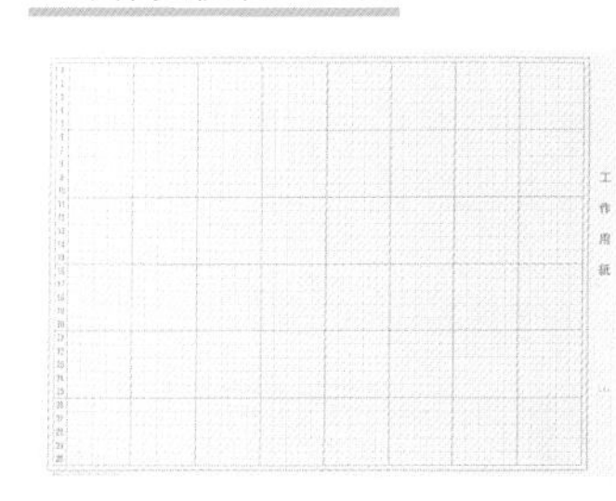

方格纸

没有实物大图纸的包包和小作品，可以用印有方格的纸来做纸样，非常方便。

布镇

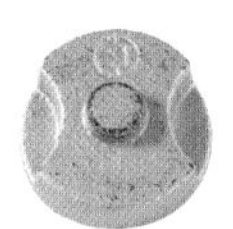

有一定重量。在拷贝纸上画纸样时，如果有会很方便。洋裁专用，即使没有也无所谓。

2. 裁切 除了剪刀要好用以外，会根据材质选择不同的剪刀也是十分重要的。

必备工具

缝纫剪刀

准备剪布专用剪刀。长度一般在24cm左右，选择适合手的大小，好用、拿起来舒适的比较好。

小剪刀

○线剪

○手工剪

剪线，或者剪胶带、蕾丝等小东西时需要准备小剪刀。手工剪刀是尖的，剪线当然没问题，处理细小部位时会很方便。

让操作更便利的工具

轮刀

旋转圆形刀片，可以快速裁布。在使用时，需要布料平整，并配合钢边尺和切割垫板使用。另外，需要准备替换刀片，在原有刀片不够锋利时进行更换。

钢边尺

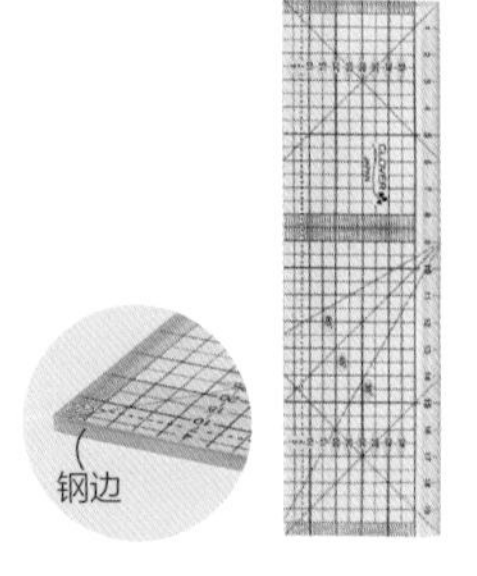

单侧有钢边，防止轮刀刀片划到尺身。

切割垫板

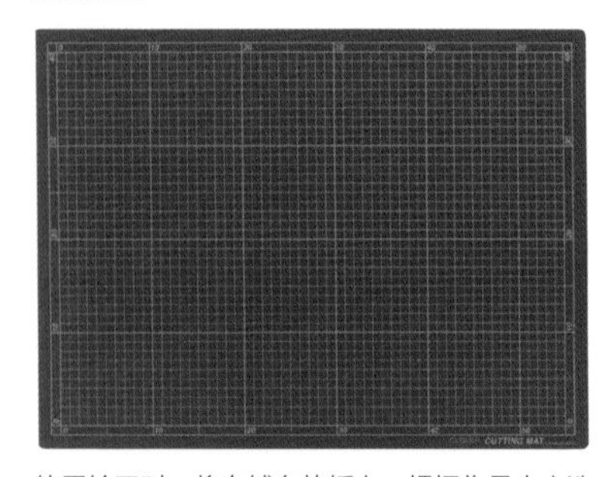

使用轮刀时，将布铺在垫板上。根据作品大小选择垫板尺寸，十分方便。

3. 固定

将纸样固定到布上，或将两片布固定，需要用到珠针。
最近，夹子也越来越常用。

必备工具

珠针

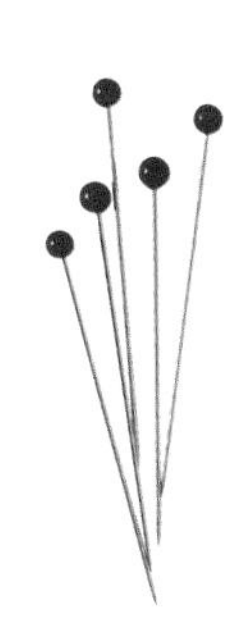

缝纫时用于固定的针。从布上穿入，针头不会穿过。上图中针头是采用耐热特殊材质制成的，可以熨烫。首先请准备这种珠针。

让操作更便利的工具

大头针

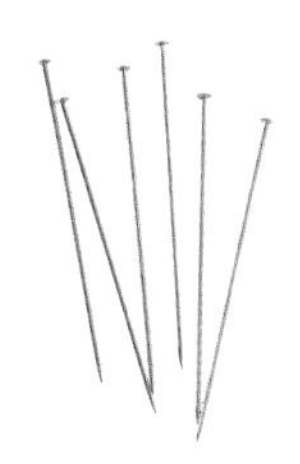

针头比较小。将纸样固定到布上时使用。

厚布用珠针

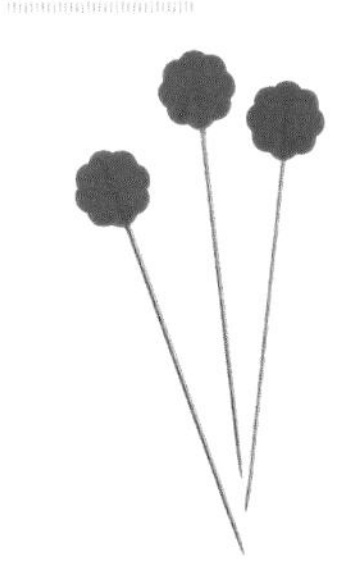

固定帆布或牛仔布等较厚的布料时，如果用细珠针，极易弯曲，所以要用厚布用珠针。图片中这种塑料针头的珠针，也被称为“圆盘珠针”。

弯曲珠针的处置

使用珠针时即使再小心，也难免会有弯曲的情况。将这些不再使用的珠针放进小玻璃瓶中收集起来，按照垃圾分类处理办法进行处置。

夹子

在用厚布用珠针也难以固定时，就要用到夹子。对于防水布这种用珠针会留针孔的材料，夹子就成了不二之选。

口红胶

在厚布用珠针和夹子都不能固定的情况下，口红胶会很方便，用来代替拉链和布的疏缝。

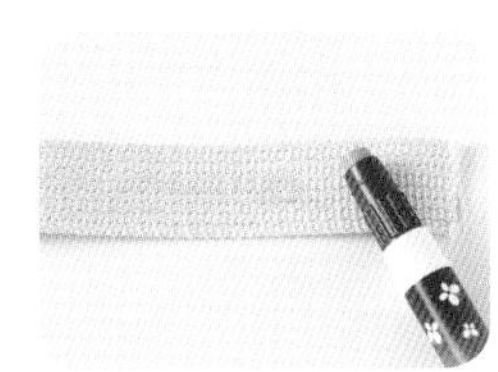

涂过的位置会显色。当然，要尽量避开缝纫机针的位置。

4. 缝纫（手缝） 无论是手缝，还是机缝，手缝针都是必要的。

必备工具

手缝针

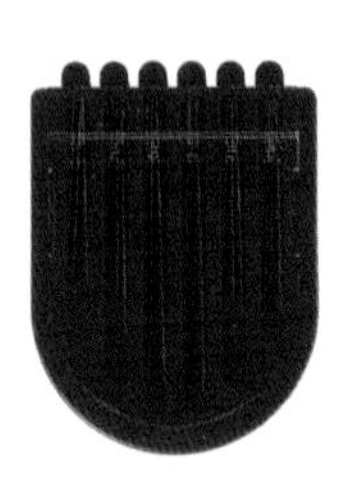

具有多种长度和粗细的组合针，十分方便。根据布的厚度选择不同长度的针。针织布用圆头针，在缝合时不会伤布。

※ 针是实物等大。

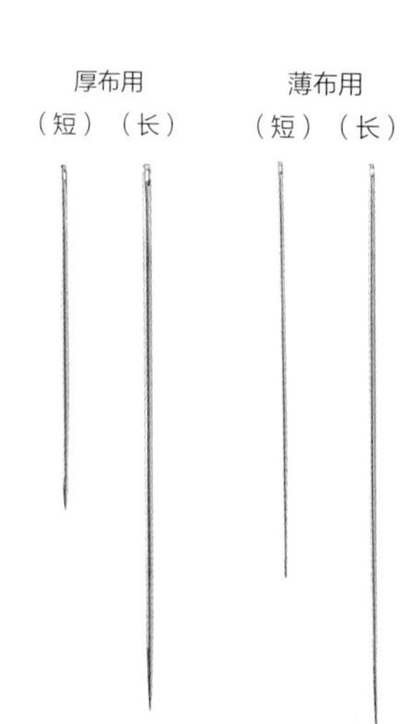

针织布用

针的种类

除了手缝针之外，还有刺绣针、压线针、包缝针、被子针、针织缝针等。根据用途选择不同的针。

针插

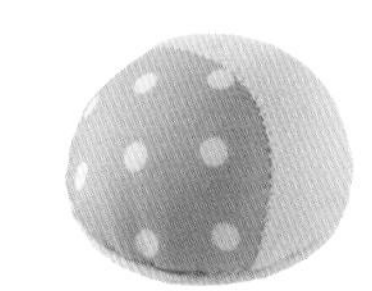

收纳手缝针、珠针的针插。

有时手缝针会完全插到针插中，为了避免这种情况，可以如图所示将线头保留在针上。

让操作更便利的工具

顶针

手缝时避免手指受伤，戴在惯用手的中指上。

穿线器

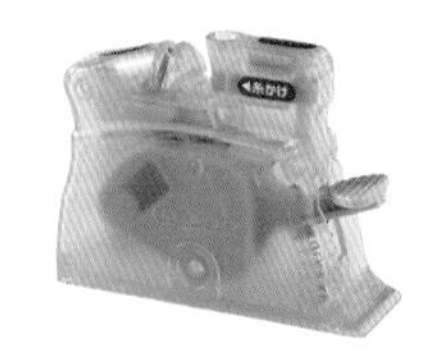

穿线时使用。右边是自动穿线器，使用起来十分便捷。

不是缝纫用品，但要用到的工具

尽管不是缝纫专用，但在手工中是必要的工具。具有代表性的是以下几种。

- 熨斗、熨烫板、喷壶
- 铅笔、自动铅笔、橡皮
- 普通剪刀

5. 缝纫（机缝） 缝纫机使批量制作成为可能，速度也更快。

必备工具

缝纫机

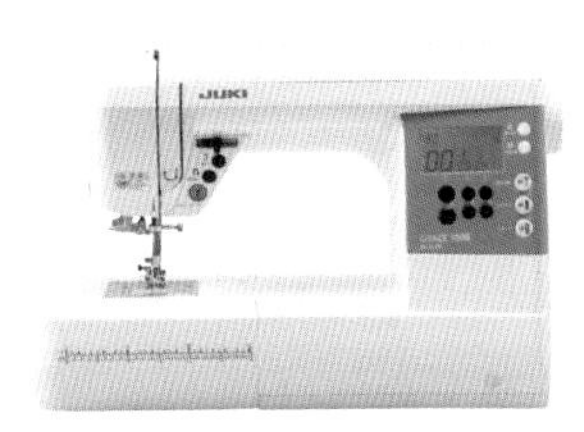

考虑自己想要用缝纫机做什么（有多种线迹的，还有绣花功能的），选择具有相应功能的机器。

缝纫机针

#9 薄布用　#11 普通布用　#14 普通布、厚布用　#16 厚布用　#16 牛仔布、帆布用　#11 针织布用

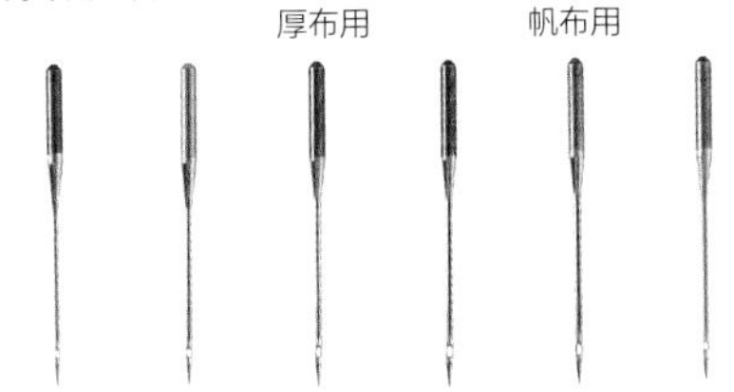

根据布的厚度选择合适的机针。针号数字越小针越细。

梭芯

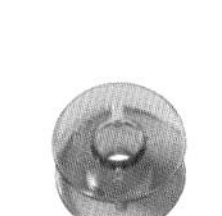

将缝纫机下线绕在梭芯上。

让操作更便利的工具

包缝机

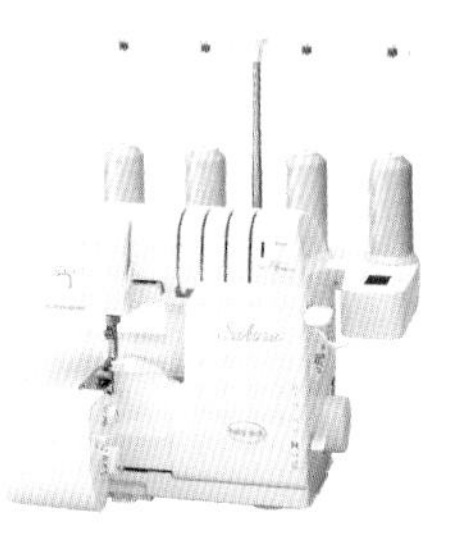

用 3~4 根线在布边进行包缝。也可用家用缝纫机的 Z 形线迹代替。

6. 其他 这里总结在制作过程中，贯穿整个流程，或者在特定情况下用到的工具。

必备工具

锥子

尖头工具，机缝时压布，或者拆线时使用。

让操作更便利的工具

熨斗专用尺板

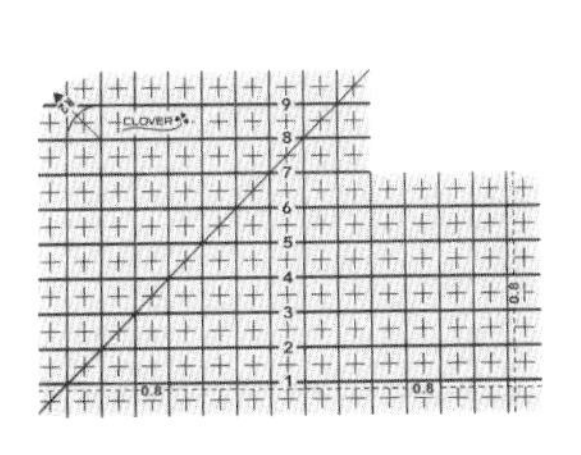

需要将布边折一定宽度时使用，十分便利（p.81）。

穿带器

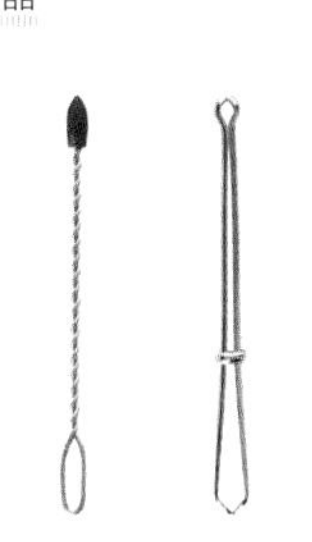

穿绳或松紧带时使用。也可用安全别针代替。

拆线器

拆线、开扣眼时使用。

第3章 制作

§1 整布

布料经过洗涤后会有一定的缩水，可能导致布纹不平直。为了避免这种情况，一开始就要进行整布的处理。不能熨烫的布无需进行整布。整布通常是进行预洗处理，以达到布纹平直的效果。

1. 预洗

如果初始的布含有一定水分，制做成成品后再经过洗涤，会有一定程度的缩水，导致成品变形，为了防止这种情况，需要进行预洗。不需要预洗的布料有化纤、防水布、不含水分的丝等。

棉、麻、混纺

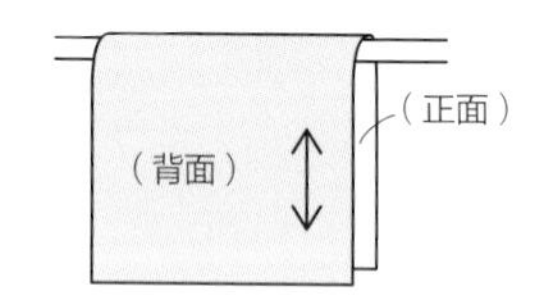

将布折叠，在洗面池或洗衣机中浸泡 1~2 个小时。然后用洗衣机轻柔脱水，阴干。

毛

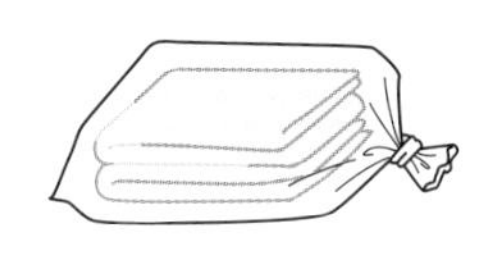

用喷壶将布表面喷湿，放置于塑料袋中 1~2 个小时。然后沿着布纹，用蒸汽熨烫背面。

2. 平整布纹

调整预洗过的布（无需预洗的布直接进行这一步）的布纹。

平纹布

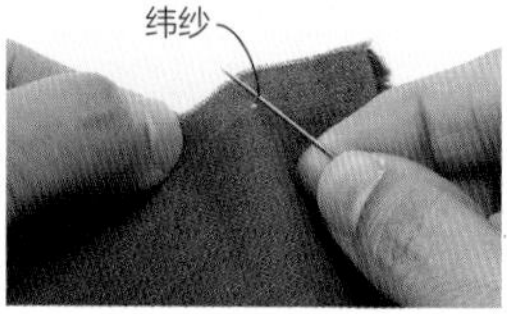

1. 在靠近布边的位置用针挑起一根纬纱，并拉出线端。

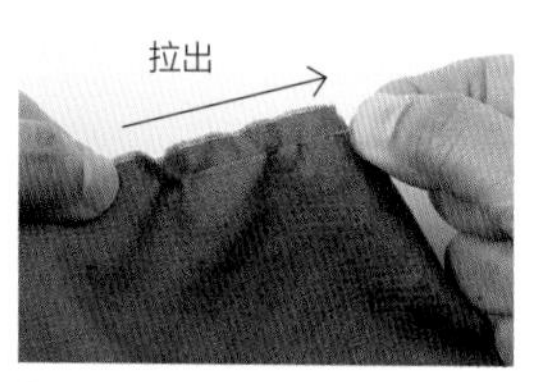

2. 抽出 1 中的纬纱，如果中途断开，请多抽几次。

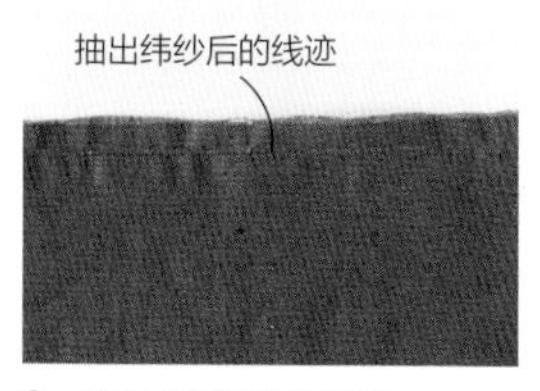

3. 抽出 1 根纬纱的状态。

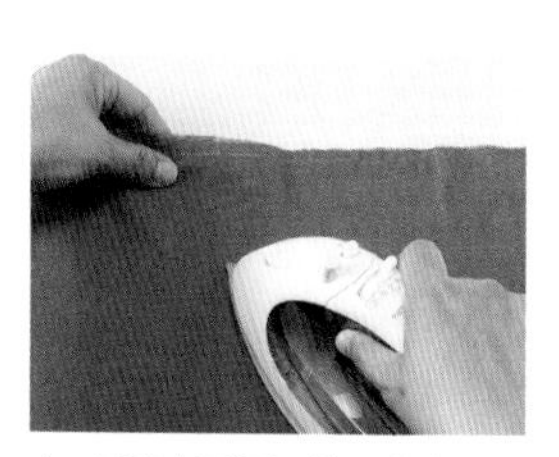

4. 用熨斗熨烫调整，使直布纹与抽出纬纱后的线迹保持垂直。

斜纹布、针织布

斜纹布和针织布的处理方法，与平纹布不同，在预洗后用熨斗熨烫调整即可。

Q. 整布时，印花图案倾斜了

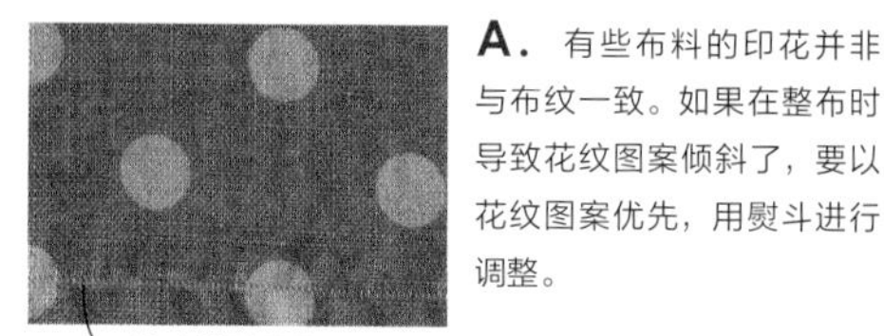

A. 有些布料的印花并非与布纹一致。如果在整布时导致花纹图案倾斜了，要以花纹图案优先，用熨斗进行调整。

§2 做纸样

除了直裁的作品，其他几乎所有作品都需要用到纸样。
这是进行所有制作工序之前的工作，也是为了轮廓美观所必不可少的步骤。

1. 衣服

这里介绍含缝份的纸样的制作方法。

使用手工书中的纸样

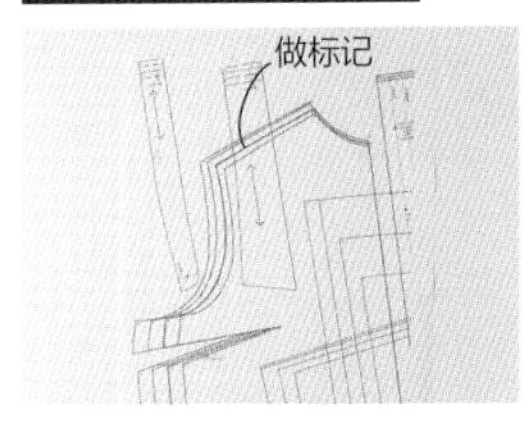

1. 因为纸样会有重叠的部分，所以并不能直接剪下来使用，而要转印。首先在完成线上做标记，使之更加醒目。

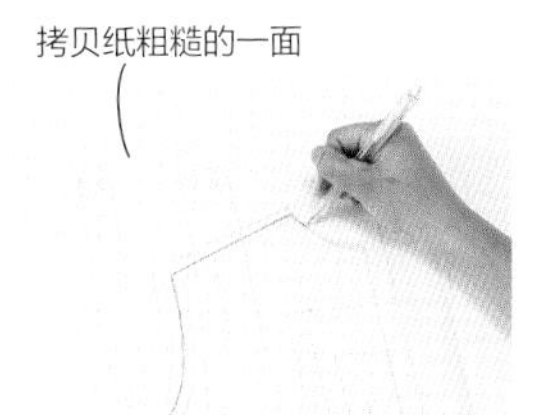

2. 将拷贝纸粗糙的一面朝上，用铅笔沿着标记线描画轮廓，这个轮廓是完成线。

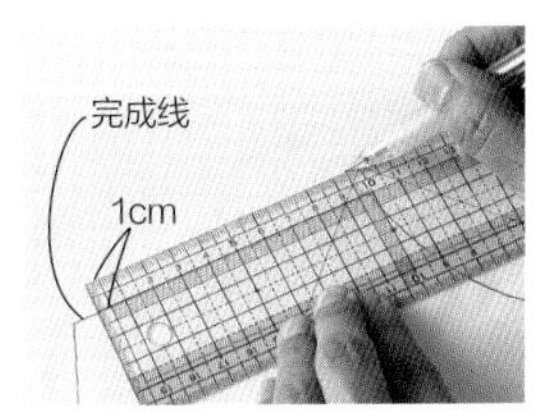

3. 沿着完成线，画上固定缝份的裁切线。用方格尺的话，会很方便画出相应宽度的平行线。

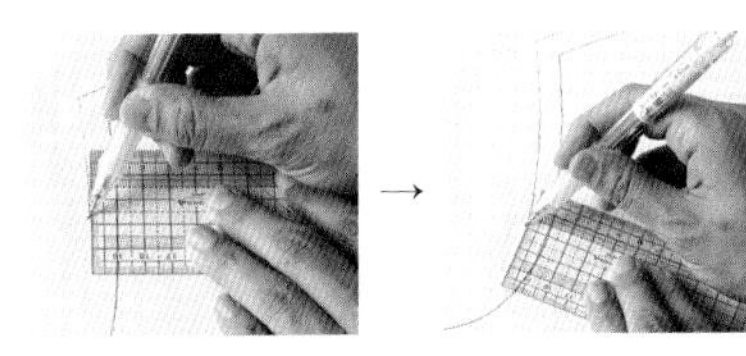

4. 画弧线时，一边慢慢移动直尺一边画出裁切线。

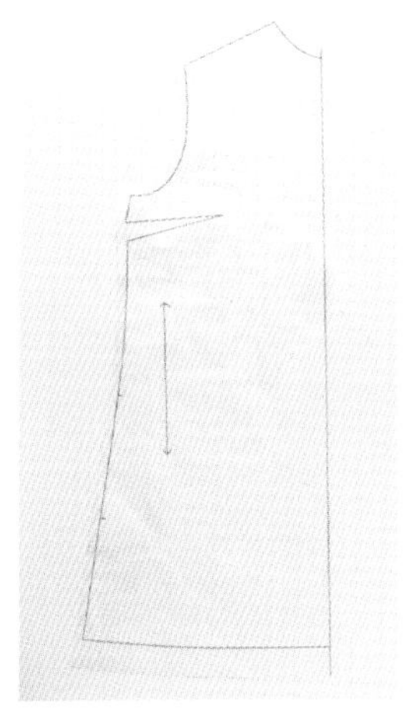

5. 沿裁切线剪下纸样。标上布纹方向、打褶、口袋位置、合印等。

注意缝份的处理！

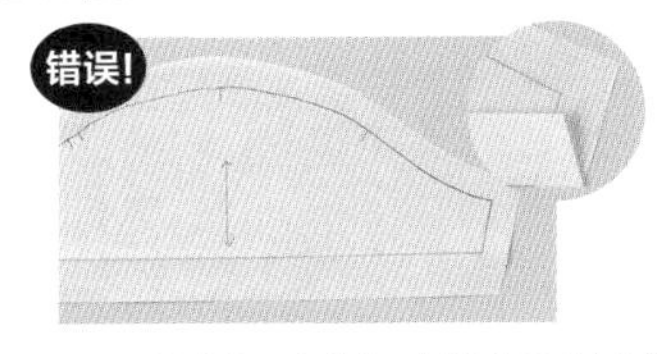

与完成线平行的缝份，有缝份不够的情况（如圆形图所示）。这时这个部分（图中是袖子）要按如下顺序制作纸样：①保证袖下的纸样余量充分，②将袖口沿完成线折叠，③就这样确定袖下的缝份位置，再画裁切线进行裁剪。

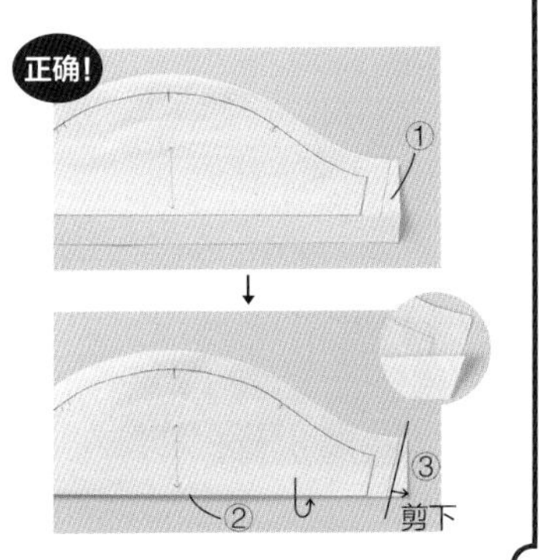

使用单独售卖的含缝份纸样

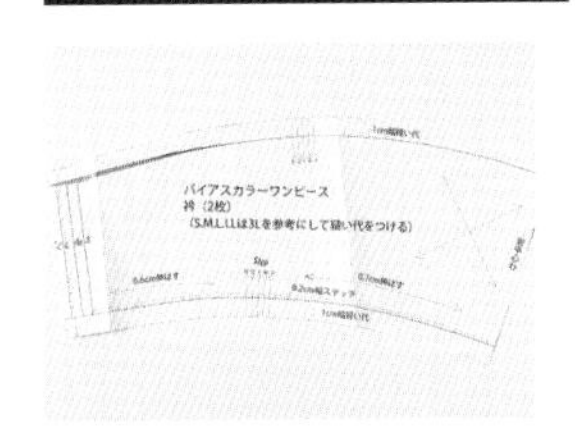

市面售卖的纸样含缝份，并且每个部分没有重叠，因此，可以直接沿裁切线剪下使用。

2. 包包和小作品 很多直裁制作的作品无需纸样也可以，做纸样的话会让制作过程更顺利。

有纸样

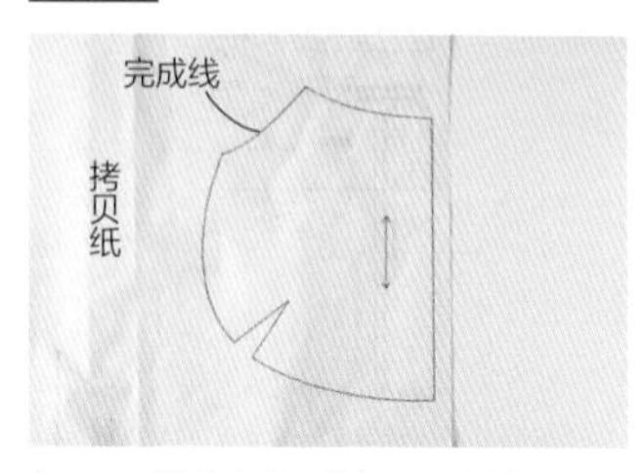

与 p.27 的步骤 1、2 相同，在拷贝纸上转印图案，沿完成线裁切。

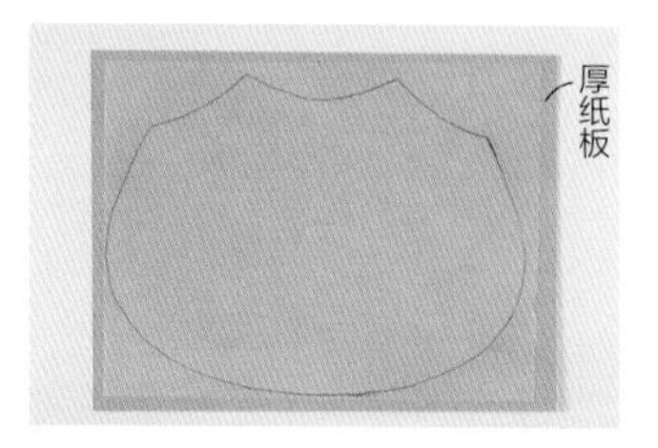

如果作品较小，也可以将图纸贴在厚纸板上做纸样。纸样是不含缝份的，画到布上需要加上缝份。

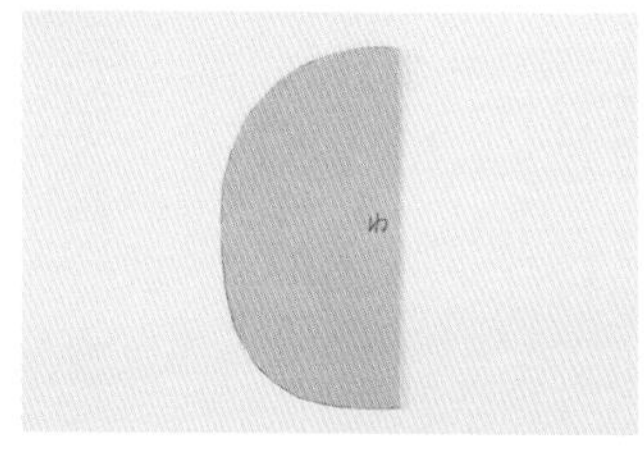

左右对称的图案，只需要做一半的纸样。在中间翻折就可以画出完整的轮廓了。

无纸样

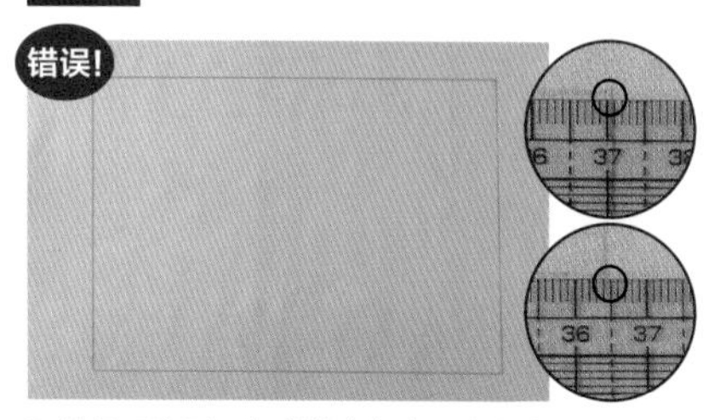

即使是四边形，也难以在布上画出准确的长线。即使用方格尺，也难免会出现图中这种长度不一样的情况。

善于利用日历纸的直角。在四角作标记（如右图所示），连接这些标记点，画出准确的四边形。

用方格纸的话，很容易画出正确的纸样。纸样不含缝份，画到布上需要加上缝份。

大尺寸的包包可以只做一半纸样，将布对折放置纸样。

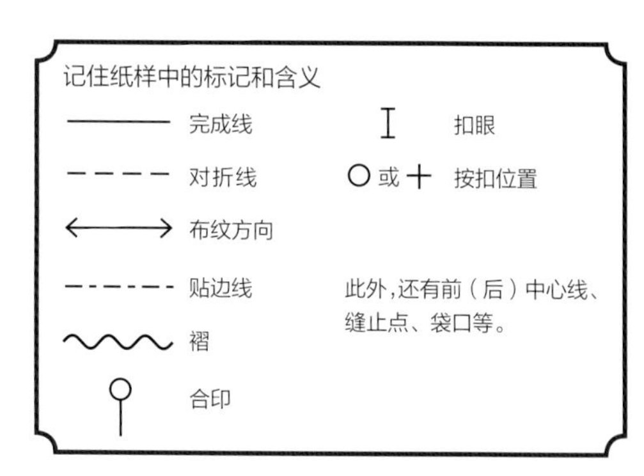

§3 剪裁

做好纸样，终于要开始裁布了。布一旦下刀，就不能复原。所以，一定要确保不出差错，小心谨慎地进行。

1. 剪裁顺序

因为是不能修改的工序，所以在最开始要通盘把握流程顺序。

看图

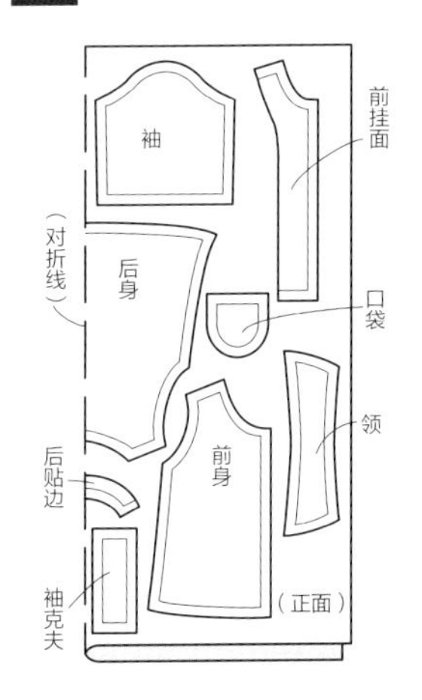

各部分的布局图也被称为“裁切图”“剪裁图”等。有裁切方法标记的话，就按之进行裁切。没有注明裁切方法时，先布局大尺寸纸样，再在空白处插入小纸样的方法会比较高效。另外，按照上图的交错布局（前身和后身的方向改变），比较不会浪费布。但这也取决于布料尺寸，需要视情况而定（p.30）。小作品的话，比衣服有更加灵活机动的布局方法，因此手工书上大多不会介绍裁切方法。依据布料尺寸，将各部分进行合理布局，可以提高布料的利用率。

熟悉各部分名称

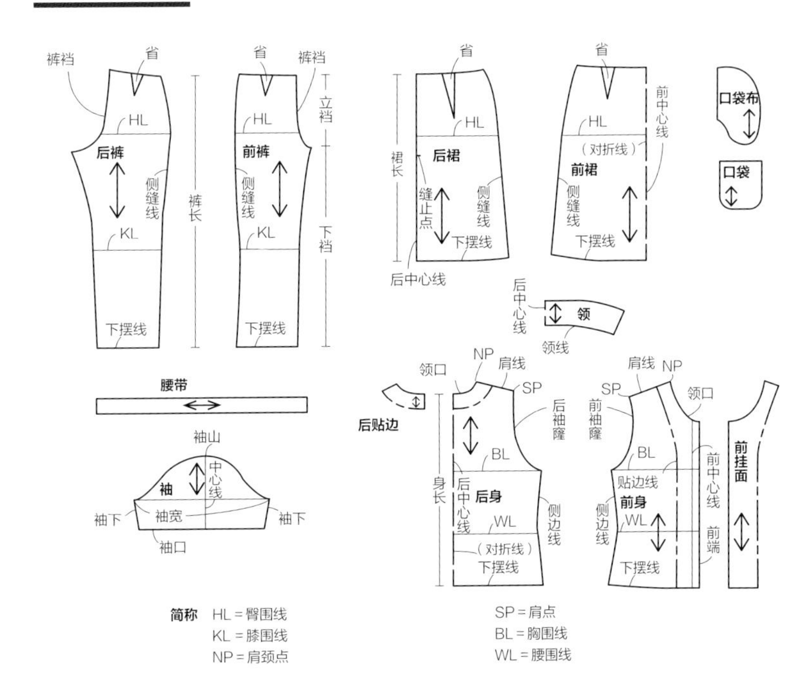

按步骤制作

○ 放置纸样
将纸样放置在布上，用珠针固定（p.31）。

→ ○ 裁布
用轮刀裁布（p.31）。贴黏合衬的部分，要先裁出更大尺寸，贴好黏合衬后再裁切成最终尺寸（p.36）。

→ ○ 作标记
依次画上完成线、褶、口袋位置、合印等需要对齐的标记（p.32）。

2. 放置纸样时的注意事项

为了剪裁时不无端浪费布，针对不同的布也有一些注意点。
花纹方向一致的布或者需要对齐花纹的布 ，要准备足量尺寸。

花纹方向一致

前后花纹相反！

花纹有方向的布，要注意各个部分的方向，再据之来放置纸样。不能按照p.29 那样在空隙处插入小尺寸纸样。包底也有对折线，一个方向的话花纹会相反，所以需要分开裁两片。

需要对齐花纹

缝合位置没有对齐！

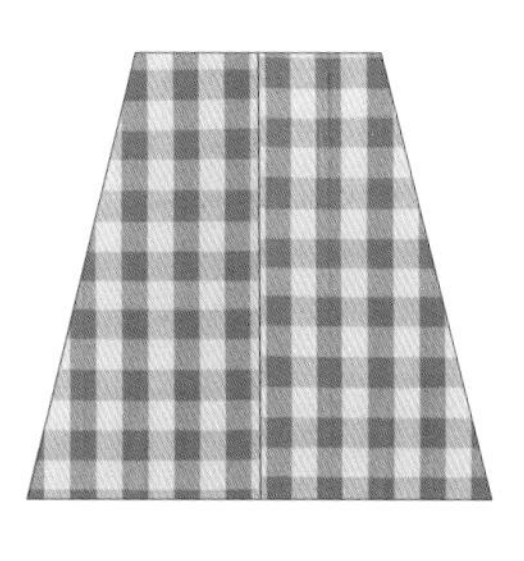

大格子布需要注意缝合处的花纹也要对齐。不只是格子布，所有的重复图案的大花纹布，都需要注意对齐花纹。

毛绒布有方向

光泽不一样！
要注意天鹅绒和丝绒这种毛绒布有方向。将毛绒布表面的毛从上往下摸，毛能立起来代表是正确的方向。反方向的话就如右图所示，感觉偏白，不要夹杂这样的布，全部都要保持正确的方向进行剪裁。

课堂 容子老师

Q. 不知道如何看图。有的纸样有折叠，有的纸样需要拼合，怎么办呢？

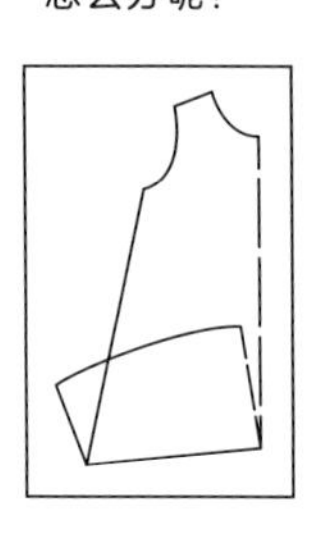

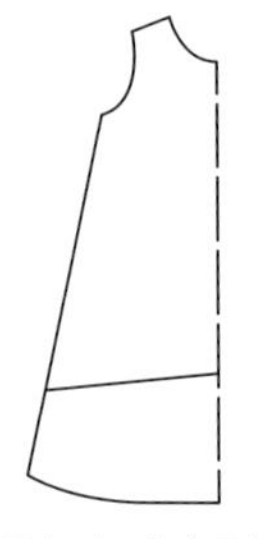

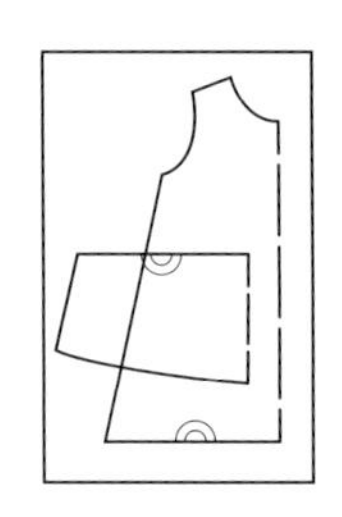

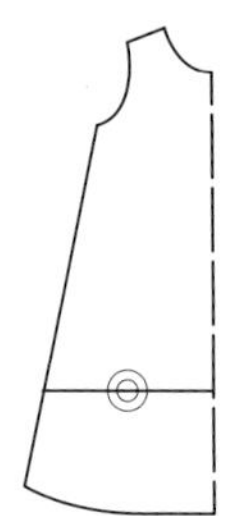

A. 当纸样比纸张尺寸更大时，会出现如左图所示的情况，需要单独制作折叠部分的纸样，再贴到背面使用。

如果需要拼合，则分别制作纸样，再对齐合印进行拼合。

3. 裁布　参考放置纸样的注意事项，来进行裁切。

放置纸样

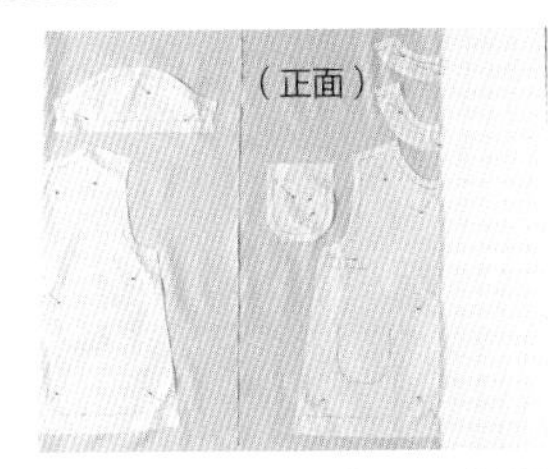

将纸样用珠针固定在已经背面相对折叠的布上。当用断点疏缝（p.34）作标记的时候，需要将布正面相对折叠。

2. 裁剪好的各个部分（要贴黏合衬的除外）。此时不要取下纸样。

裁剪

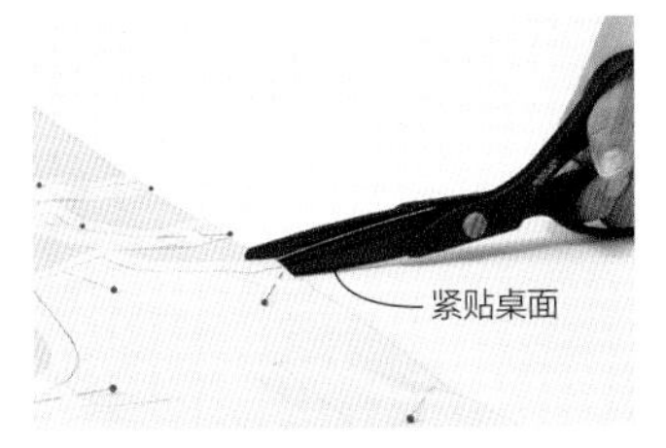

1. 裁剪时一定要将剪刀的下刃紧贴桌面，沿着纸样进行裁剪。

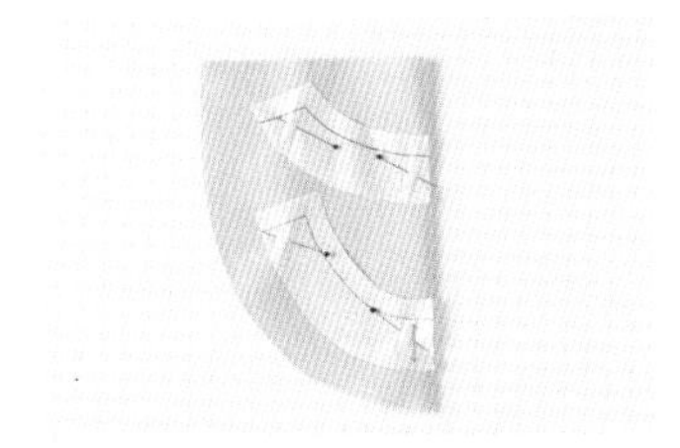

要贴黏合衬的部分，先粗裁出足量尺寸的布，贴好黏合衬后再进行裁剪（p.36）。

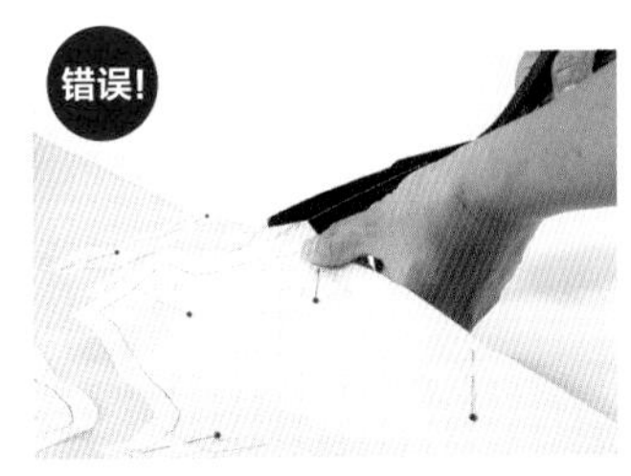

将布拿在手上裁剪，纸样容易移位，这样是错误的。

轮刀的使用

1. 纸样用大头针或圆盘珠针固定到布上，方便压尺。

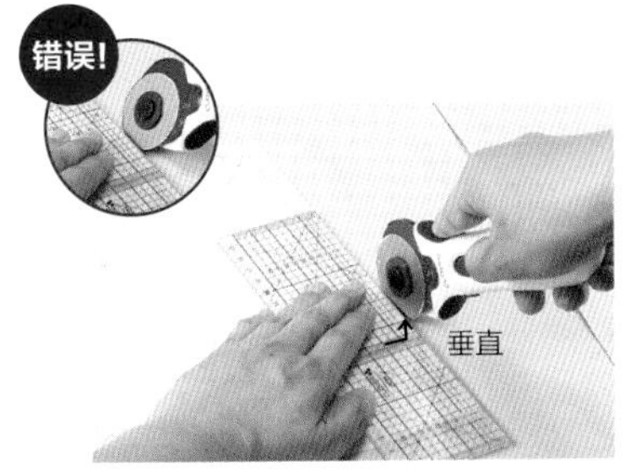

2. 沿着纸样边缘放置钢边尺，轮刀刀刃与尺面保持垂直。注意刀刃不要倾斜（圆形图中是错误示例）。

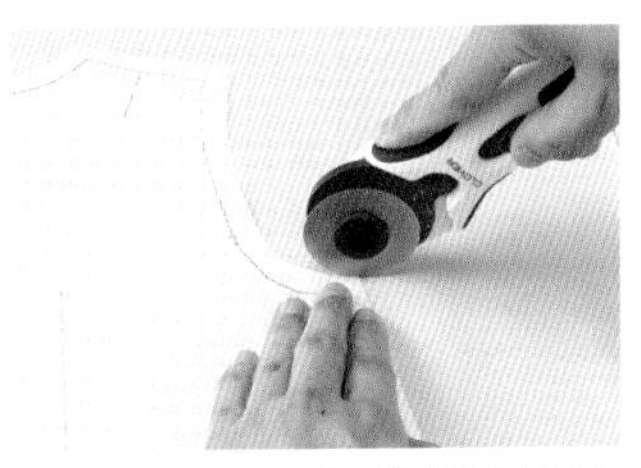

3. 弧形部分也要沿着纸样，慢慢地裁切。

§4 画标记线

在布上画完成线和合印。为使初学者便于理解，本书分步解说画标记线的方法。

1. 做衣服

在裁好的布上，使用转印纸画完成线和合印。

1. 将转印纸裁成便于使用的大小。

2. 将布放置在切割垫板上，布间放入转印纸（如圆形图所示），用滚轮描画轮廓进行转印。这样，布的背面也会有标记。

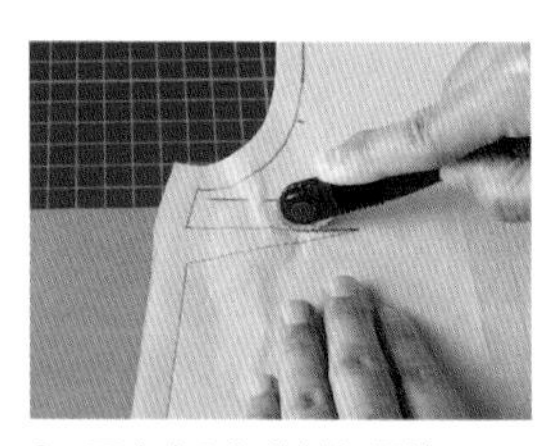

3. 画出省和细节的标记线。

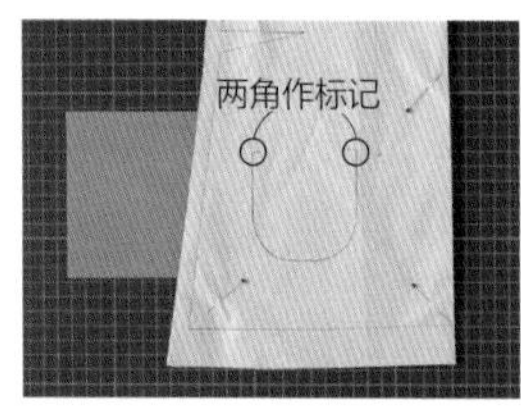

4. 转印口袋时，无需将转印纸全部放到布下，也没有必要将整个口袋形状完整画出，只需在袋口的两角部分作标记即可。只有单侧口袋时，使用单面转印纸。

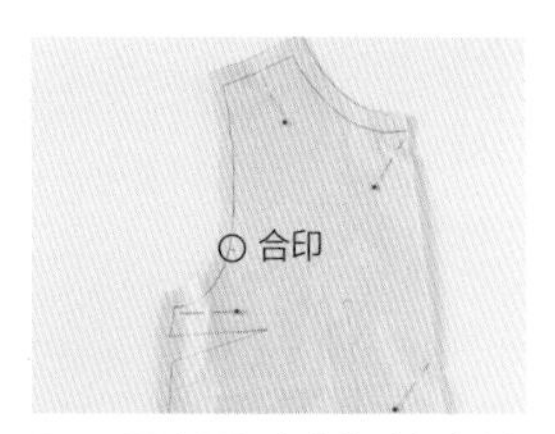

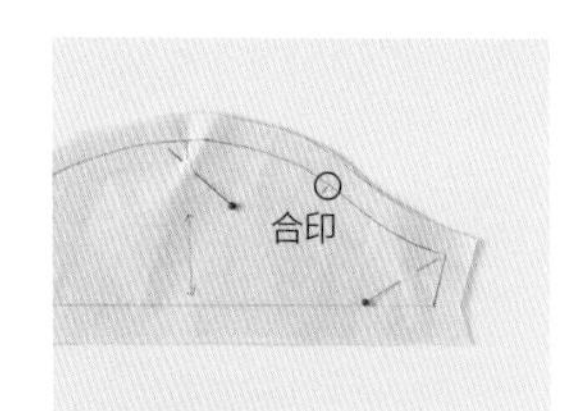

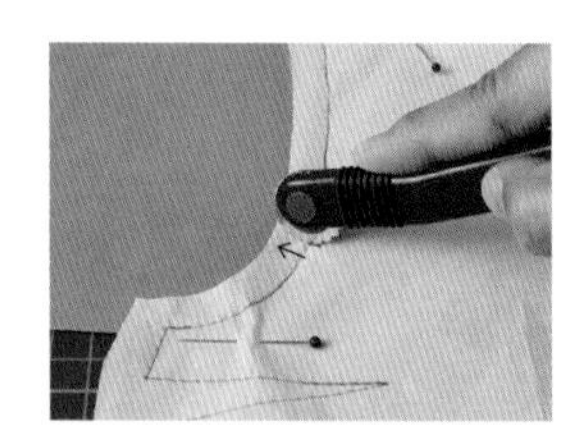

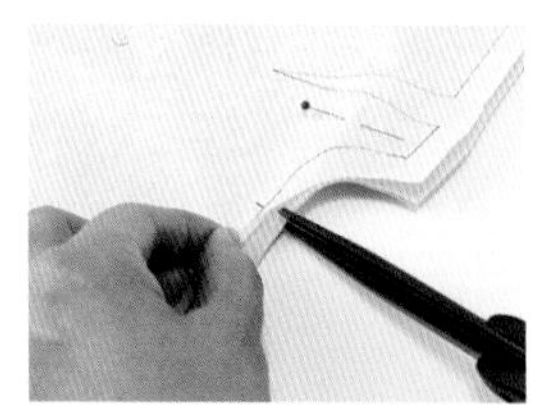

5. 不要忘记标上合印（如左侧两图所示）。合印也可以朝完成线的外侧（缝份）方向画小短线（如左图三所示），也可以稍许剪开小切口（如最右图所示）。这个切口被称作“牙口”。

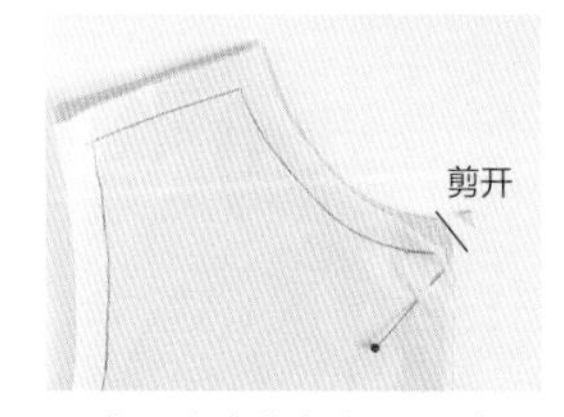

6. 领口中央剪去小 v 形，标记正中间。

7. 作完所有标记后，再取下纸样。

2. 做布艺小作品 使用转印纸和不使用转印纸，作标记的顺序有所差异。

使用转印纸

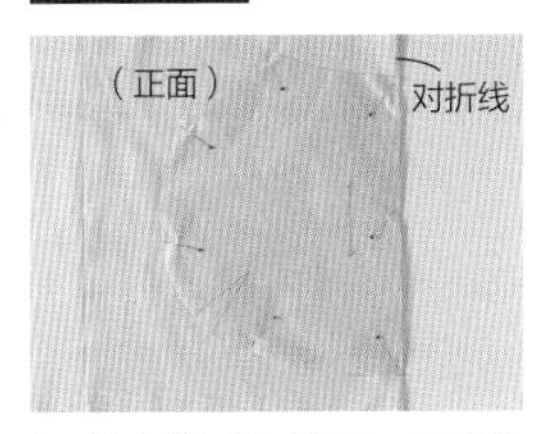

1. 将布背面相对折叠，纸样的对折线与布的折痕对齐，用珠针固定。

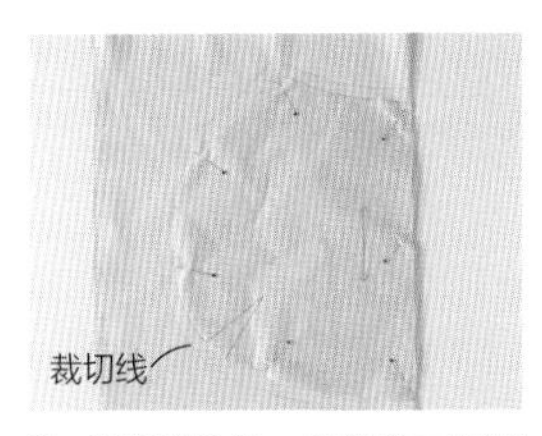

2. 沿纸样边缘一定缝份画裁切线，并裁剪。

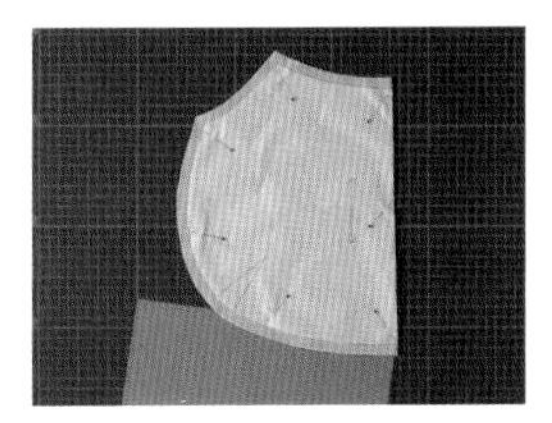

3. 将转印纸夹在布间，与 p.32 方法相同，进行转印。

不使用转印纸

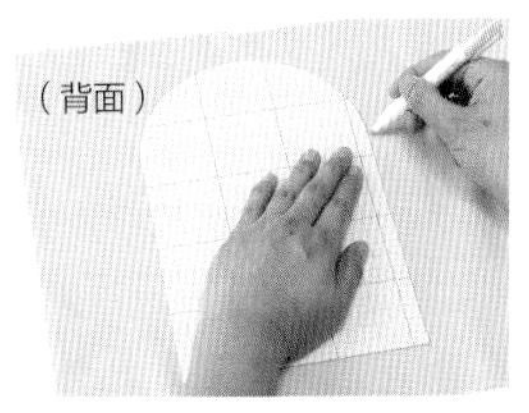

1. 用厚纸板做纸样非常方便（p.28）。将厚纸板放置于布上，沿轮廓画标记线。

2. 在最高点等必要的位置画合印。

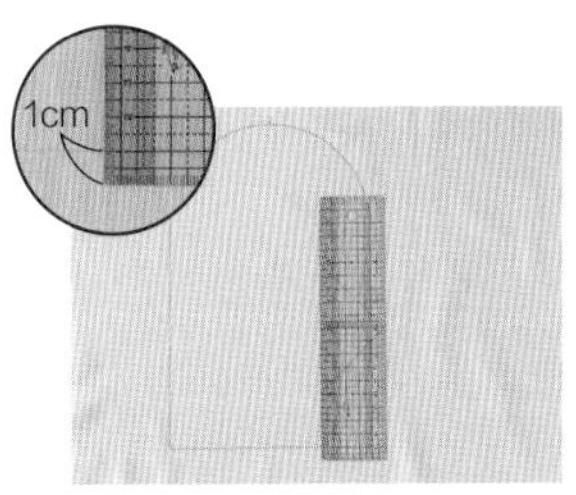

3. 用方格尺画含缝份的裁切线。

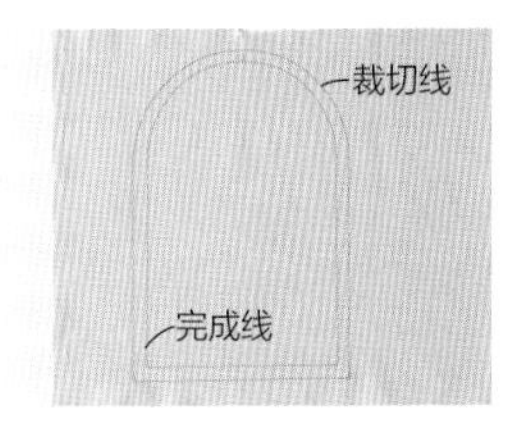

4. 在距离裁切线内 1cm 画完成线。

3. 直裁 带状等长条形的部分，无需纸样，直接在布上画线。

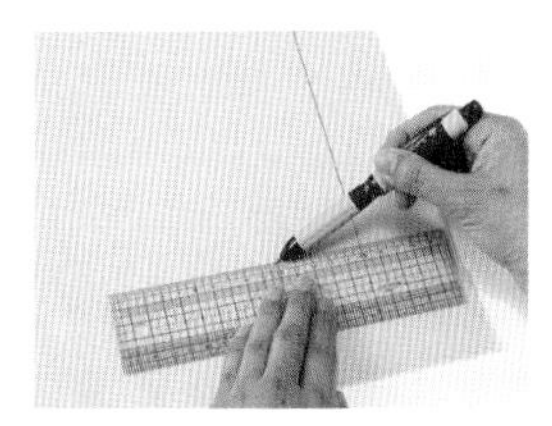

长条形的部分，直接在布上画线即可。用方格尺便于画出等宽度线。

4. 断点疏缝

颜色花纹复杂的布、羊毛布等，难以作标记，或者即使作了标记也难以辨认，这时可用“断点疏缝”的方法来作标记。

1. 使用断点疏缝时，布正面相对，放置纸样。

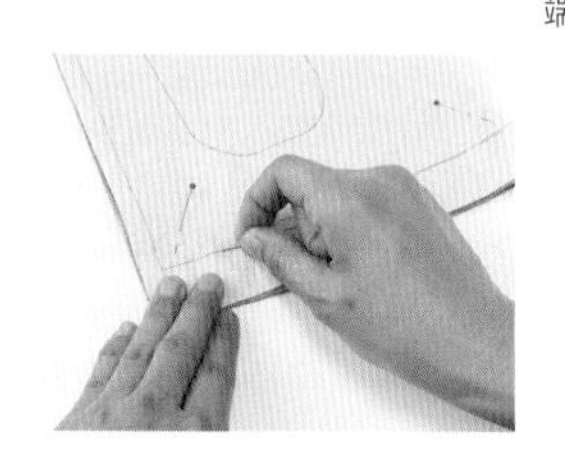

2. 沿着完成线用疏缝线大针距缝合。注意缝合时不要拿起布。

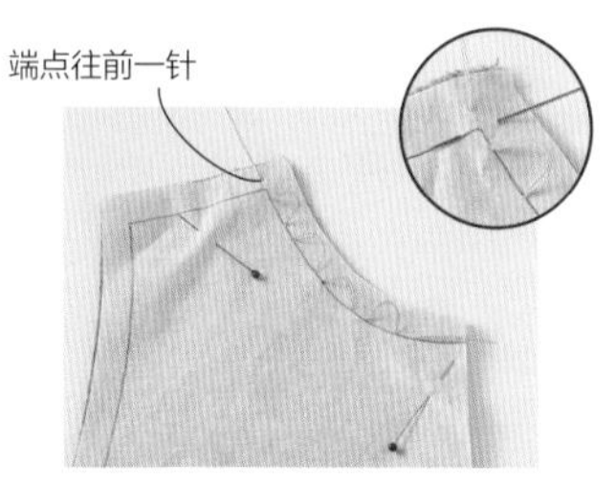

3. 弧形部分要稍微松弛地缝合。转角处要缝到端点前一针（如圆形图所示），并十字交叉。

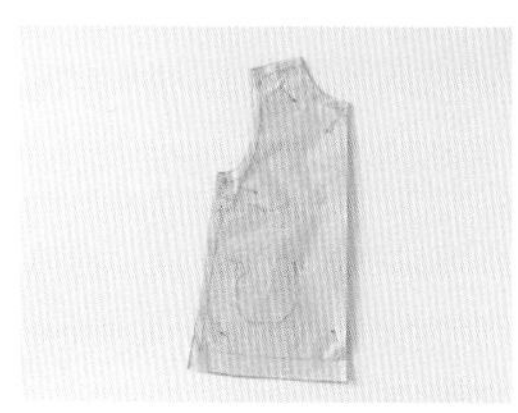

4. 与使用转印纸时相同，在省、口袋等需要标注的地方作好标记。

5. 插入线剪，从针距中间剪开（如左图所示）。剪完后取下纸样（如右图所示）。这时注意不要抽线。

6. 掀起一片布，将两片布中间的线剪开。

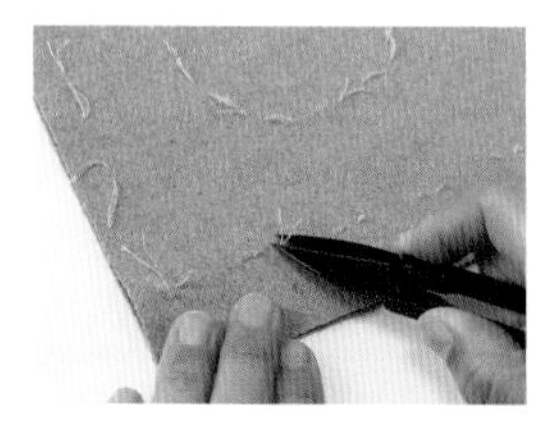

7. 保留 0.2~0.3cm 的线端。

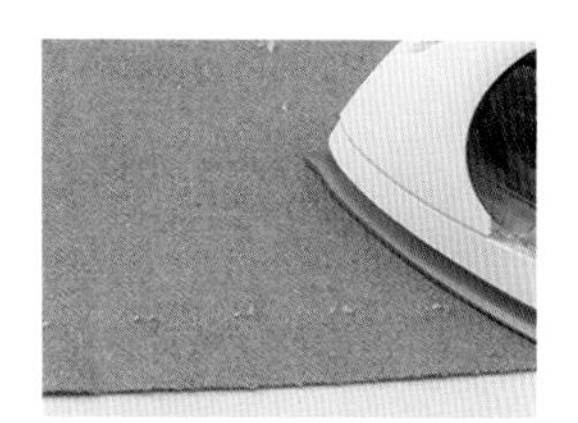

8. 通过熨烫的方法，或用手轻轻拍打，使线端与布融合到一起。

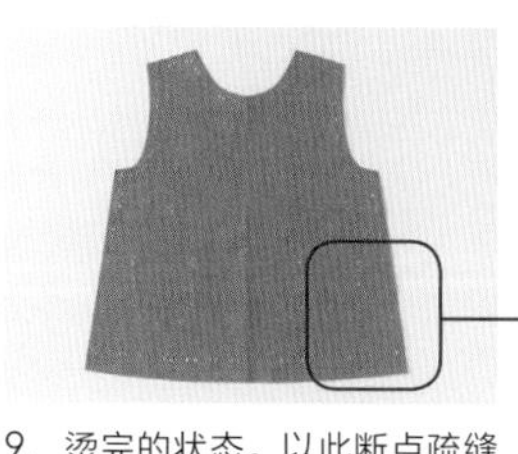

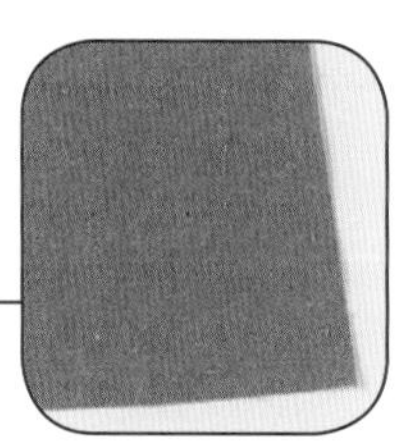

9. 烫完的状态。以此断点疏缝线作为完成线进行缝合。缝合结束后，用平口镊子等将疏缝线拔除。

课堂
容子老师

Q. 在桌上画标记线时，布会褶皱。
因此会更加用力地画线，反而容易因拉扯布而画歪。

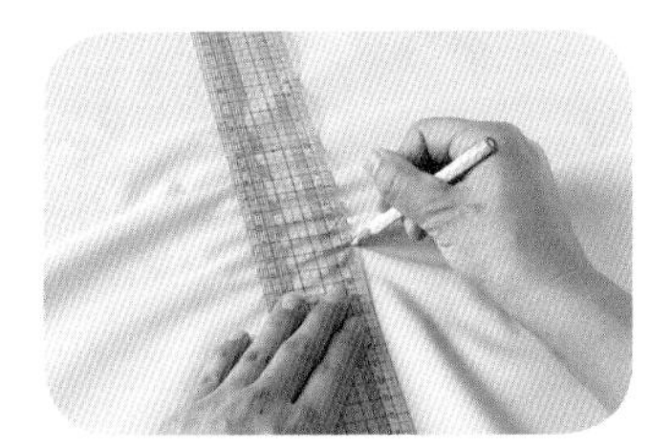
在硬桌面上画线，布打褶，不易作标记。

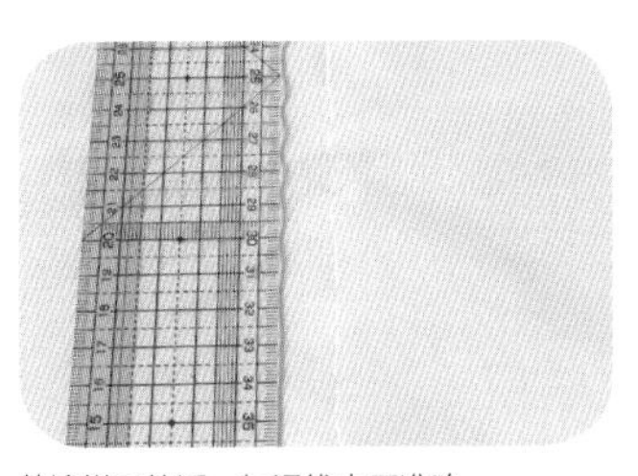
就这样画的话，标记线也不准确。

A.

使用无需用力也能作标记的笔，如图中的画粉笔。同时建议在桌面再覆盖一层布防滑。

Q. 使用含缝份的纸样，听说也可以不用画出完成线。如果不画完成线的话，要如何处理呢？

A. 即使不画完成线，也能按照 p.56 的方法进行缝合。只是，对于初学者而言，画出完成线利于更加准确地缝合。另外，弧形和立体缝合还是建议画出完成线。

Q. 用记号笔画完线后，担心裁切时在线内和线外会造成尺寸误差。

A. 固定尺寸的裁切请先仔细测量后再决定是在线内还是线外裁切。如果笔迹会晕开，建议选择极细笔头。

Q. 空间不足，如何在大尺寸布上作标记呢？

A. 餐桌、床板都可以利用起来。使用滚轮时为了避免划伤餐桌和床，可以铺上垫板或厚纸板。

---

§5 贴黏合衬

注意贴黏合衬时，不要像熨烫手帕那样去熨烫。为了使热熔胶熔化在布上达到黏合的效果，要借助身体本身的重量按压熨烫。

1. 含缝份的黏合衬

这里介绍 p.31 在粗裁的布上贴黏合衬的方法。

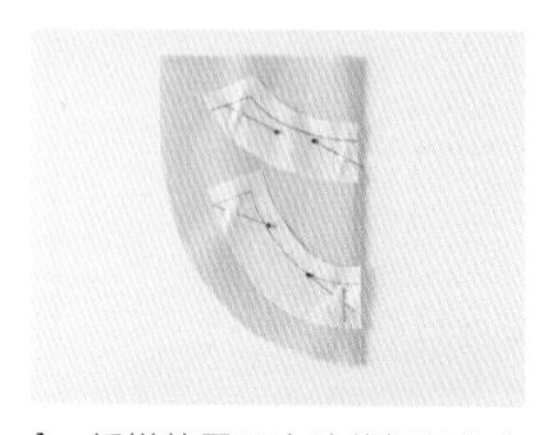

1. 纸样放置于大致裁切后的布上的状态。暂且将纸样取下。

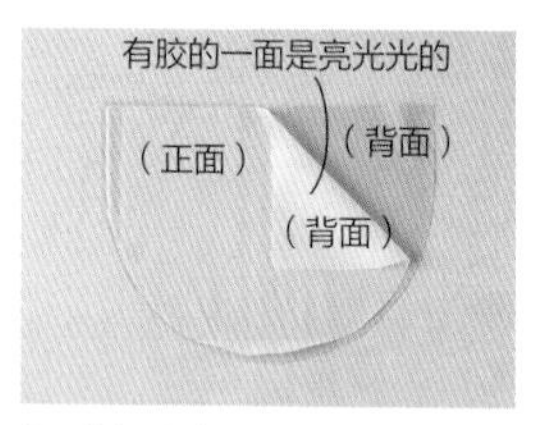

2. 裁切比布稍小一圈的黏合衬，放在布的背面。

如果黏合衬和布尺寸一样，或者尺寸稍大，那么一旦熨烫，热熔胶会熔到垫板上造成污染。所以需要裁切比布的尺寸小一圈的黏合衬。

在贴黏合衬前，要注意黏合衬和布间不要夹进异物。如图中的线头经常被夹入其中。

3. 放置垫布。

4. 中温干烫。不要来回移动熨斗，而要利用体重按压进行熨烫。每处按压 5~10 秒。横向一点点挪动，确保中间无空隙贴合。

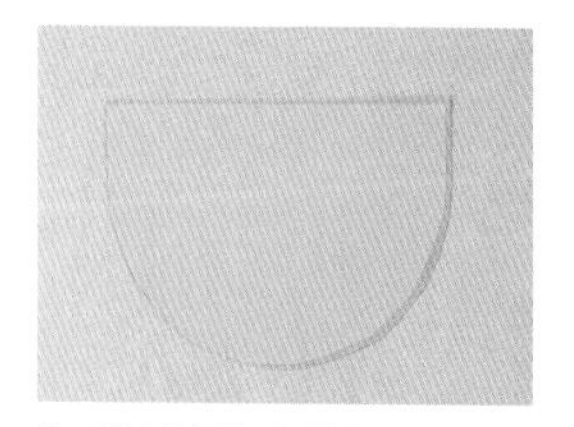

5. 黏合衬贴好的状态。

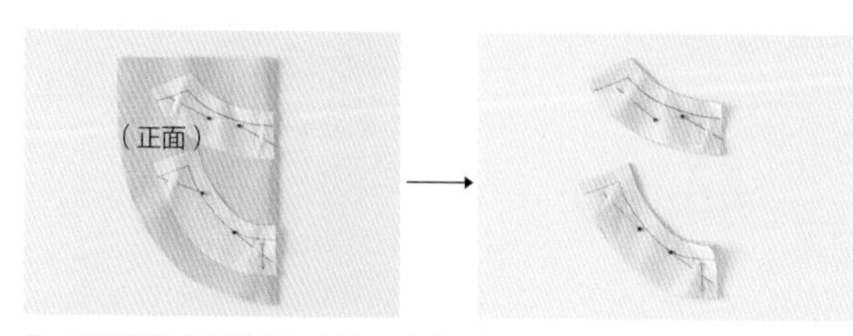

6. 将贴好黏合衬的布如步骤 1 中背面相对对折，固定纸样（如左图所示），裁布（如右图所示）。

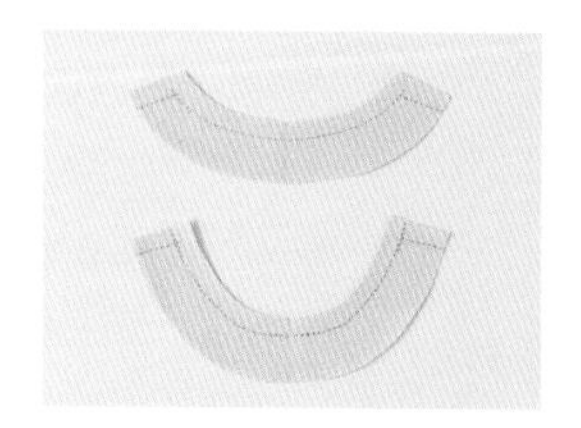

7. 画好完成线后，取下纸样。

2. 不含缝份的黏合衬

包包等小作品，沿完成线贴黏合衬的情况很多。

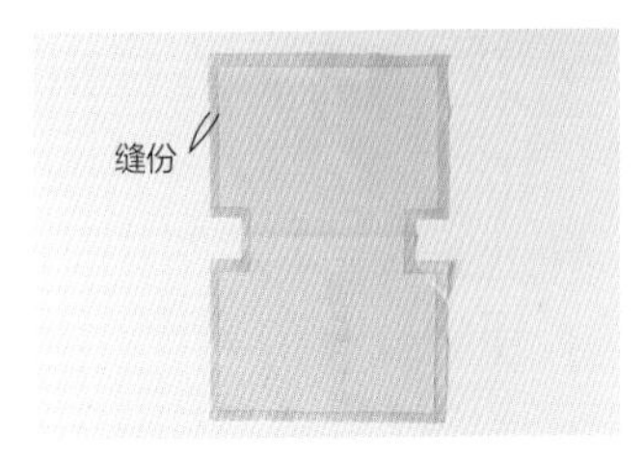

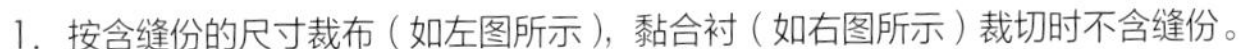

1. 按含缝份的尺寸裁布（如左图所示），黏合衬（如右图所示）裁切时不含缝份。

2. 沿着完成线贴黏合衬。方法与 p.36 相同。

课堂
容子老师

Q. 不能熨烫的布上就无法贴黏合衬了吗?

A. 对于不能熨烫的布，如防水布，避免使用热熔黏合衬，而要贴纸样黏合衬。同时，为了方便缝纫，推荐配合使用润滑剂。

Q. 为什么不能将布和黏合衬都按照纸样裁好后再进行贴合?

A. 如果布和黏合衬尺寸一样，贴合时容易产生偏差，所以要在大致裁切的布上贴好黏合衬，然后再进行裁剪。

Q. 如何区分黏合衬是否需要含缝份?

A. 厚布、硬布这种如果黏合衬含缝份会不易缝合，此时建议使用不含缝份的黏合衬。

Q. 如果失败了黏合衬能撕下吗?

A. 刚贴好后如果继续加热，趁热熔胶熔化但还未冷却时可以撕下来。只是随着时间推移，也会出现无法撕除的情况。

§6 开始缝纫前

缝合前用珠针固定，对齐标记线，进行疏缝处理，这些步骤都是美观缝合所不可或缺的程序。

1. 珠针固定

珠针固定的正确方法和方向，请记住顺序。

正确的固定方法

薄布、普通布

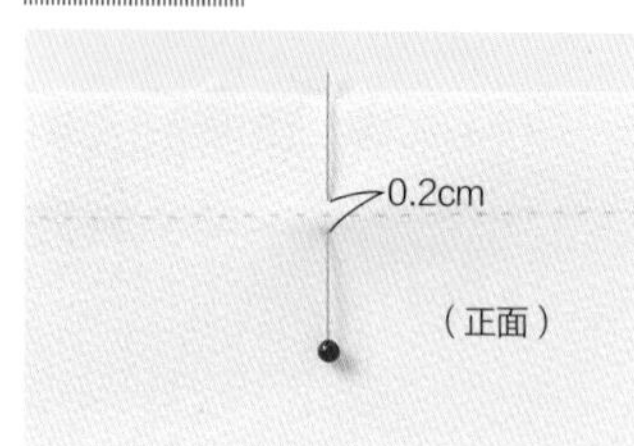

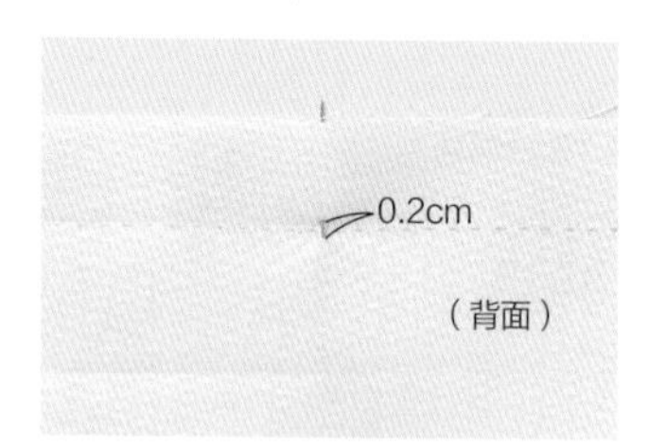

确认对齐标记线，与完成线垂直的方向插入珠针，穿过 0.2cm 左右的布。

与完成线成斜角，或穿过的布距离太多，都会导致误差的产生，因此是错误的。

厚布

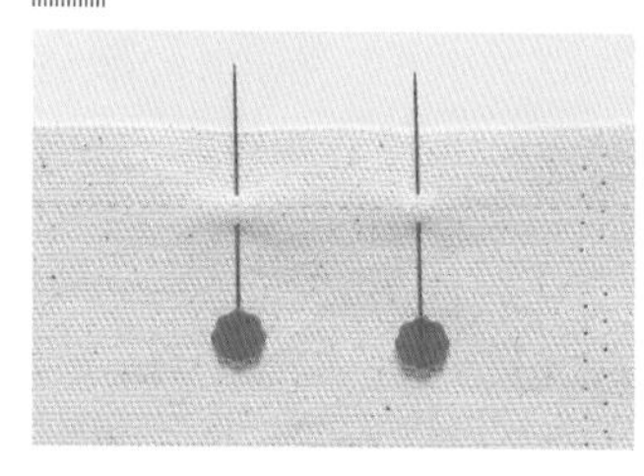

使用厚布专用珠针。与薄布、普通布一样，垂直于完成线插入珠针，可以比薄布穿过的距离稍大一些。

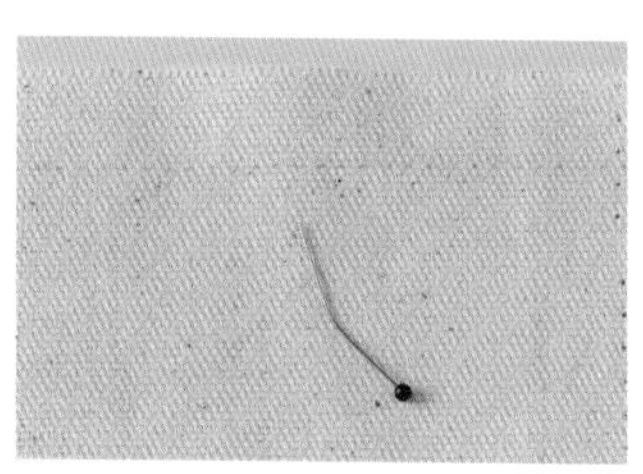

如果在厚布上使用细珠针，则会造成珠针弯曲。所以请务必使用较粗较硬的专用珠针。

珠针的方向

手缝时

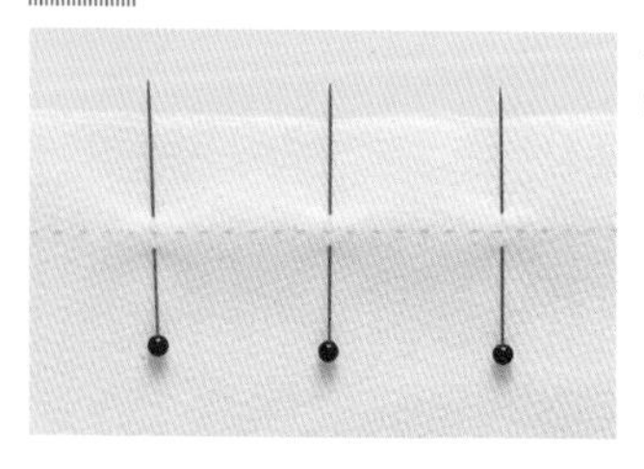

手缝时保持缝份向上，横向缝合，此时从完成线朝外侧固定珠针。

机缝时

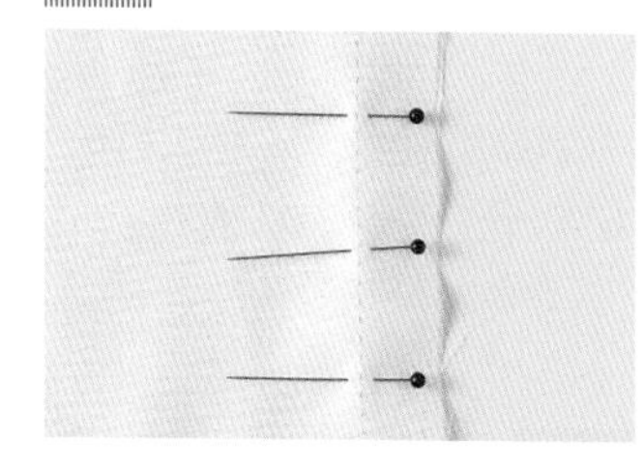

机缝时为了方便一边缝合一边取下珠针，从完成线朝内侧固定珠针。惯用手如果是左手，也可以从完成线朝外侧固定珠针。

固定珠针的顺序

按照先固定两端→再固定正中间→最后将剩余部分等分后，取中间位置的顺序固定珠针。

不能用珠针固定的布

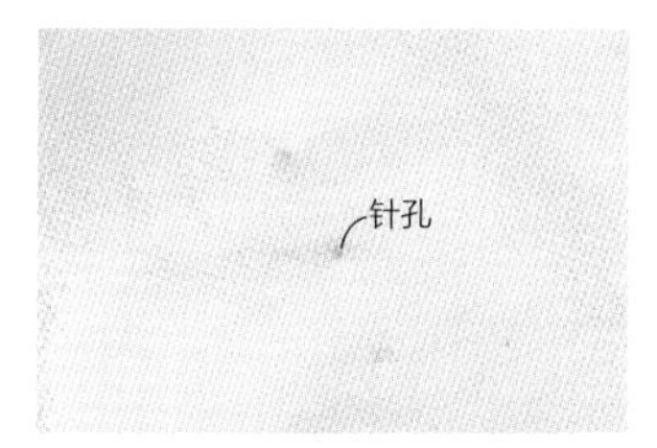

防水布或皮革布，如果插珠针会留下针孔的痕迹。

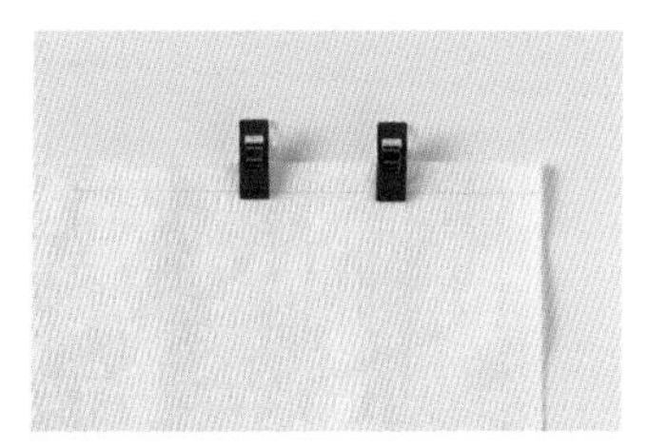

不能用珠针的话，就用夹子（p.23）固定。

既无法插珠针，又无法用夹子固定的厚布，用疏缝线固定。

Q. 平时经常做包包，发现即使用珠针固定，布也会移动产生误差。

A. 像绗缝布等较厚的布、帆布等较硬的布，用珠针固定时上下布往往容易移位，这时建议使用夹子和胶棒临时固定。

2. 疏缝 当用珠针固定容易移位，且不习惯直接缝合的话，可以考虑用疏缝线固定。

疏缝线的处理方法

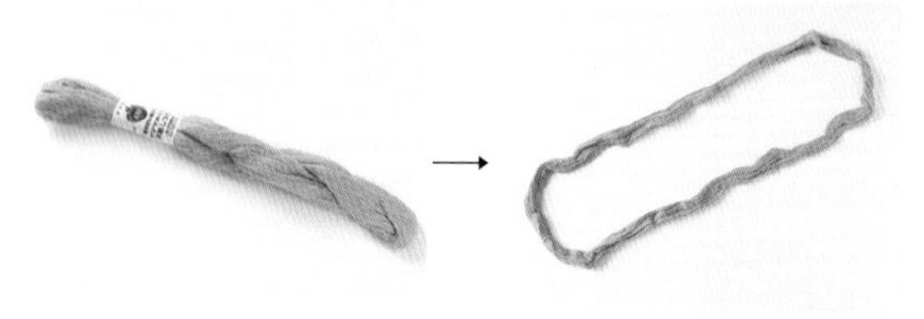

1. 如左图所示将买来的疏缝线取下标签，拉成一个环形（如右图所示）。

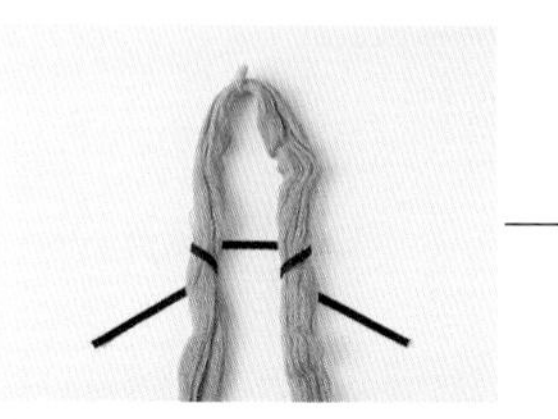

2. 剪下长约 15cm 的线如图所示系成结。

3. 在余下的三分之一处再系两个结。

4. 将环形的一边剪开。

5. 从另一边每次抽出一根疏缝线使用。

疏缝方法

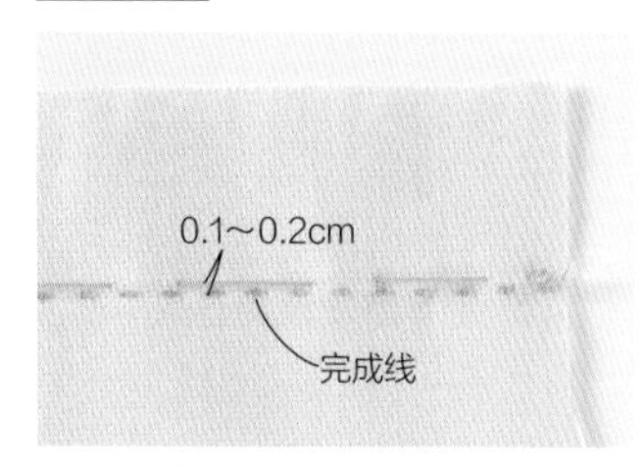

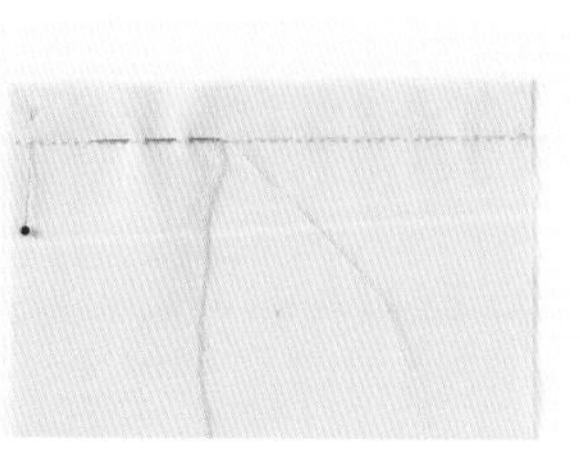

1. 打结（p.43）后，沿完成线外侧 0.1~0.2cm 以大针距缝合。如果刚好在完成线上疏缝，则机缝时会缝到疏缝线，之后不易抽出，所以要在完成线的稍外侧进行疏缝。

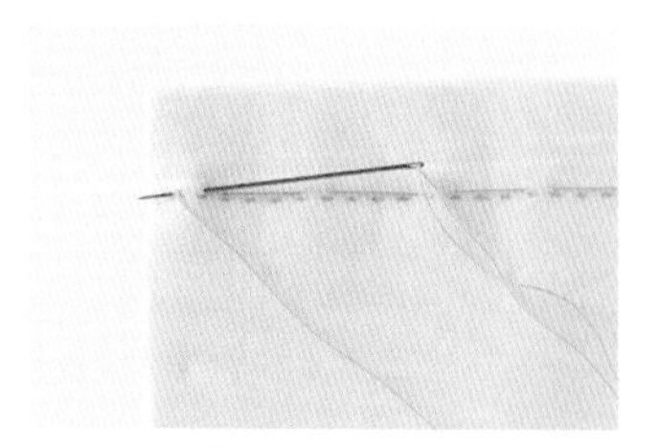

2. 最后一针回针缝合结束，不打结。

课堂
容子老师

Q. 在制作过程中，不太了解术语的含义。

A. 下面列举制作方法中的常见术语。

粗裁……在裁成准确尺寸之前，预留较宽的缝份大致裁切。
粗缝……缝纫机大针距缝合。打褶或缝合曲线等缝份会缩时使用。
线脚……安装纽扣时，在布和纽扣之间的线。布料的厚度不同，线脚长度会有变化。
落针缝合……落在靠近针脚处正面的明线缝合。
折份……折向内侧的部分。
返口……两片布正面相对缝合时，为了能翻到正面而留出的不缝的部分。
花边绘图……连接指定数字画标记线做纸样的方法。
纸样（=模板）……做衣服、包包、小作品等各个部分的形状的纸板。
人台……制作服装纸样时用到的基本人体模型。先立裁然后平面展开制图。
直裁……不用纸样，直接在布上画线剪裁。
实物等大图纸……与实物相同大小的纸样。附录在手工书后，重叠印刷的情况很多，需要用转印纸或渗透纸进行转印。
线迹（机缝线迹）……正面可以看到的机缝明线。
制图……服装设计中的制作纸样，也叫打板。
布片正面朝外……两片布背面相对，正面朝外合在一起。
净尺寸……不含缝份的部分。有时也记作“缝份为零”“不含缝份”。
余料……布料各部分裁下的布边。
布片背面朝外……两片布正面相对，背面朝外合在一起。
缝份……缝合时，完成线外侧的部分。
边缝……两片布正面相对缝合时，从正面看到的线迹。
回针……在折痕和针眼相距 0.1~0.3cm 的位置进行缝合，也叫压缝。
倒针……最后为了加固，回一针缝合。另外，在缝合过程中也可运用。
用布量……作品所必需的布料尺寸。
对折线……布对折时的折痕。

§7 手缝 无论什么作品，都不可避免有需要手缝的部分。这里特别介绍需要记住的，常用的要点。

1. 穿线 修剪线头，易于穿线。

剪线

斜向修剪线头后，更易于穿线。

直接横向修剪线头的话，前端较粗，不易穿线。

线的长度

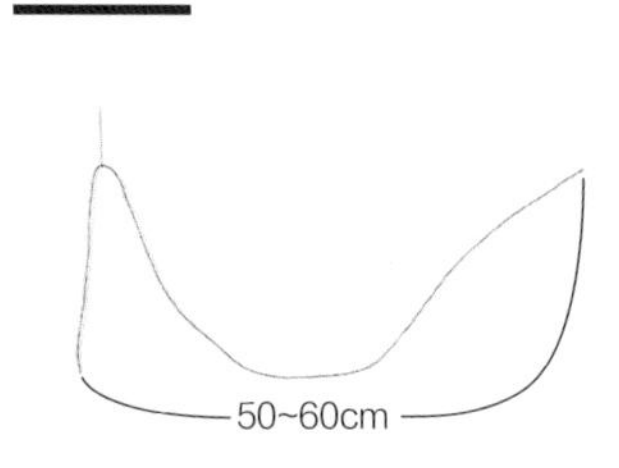

将线剪成 50~60cm 使用，长度过长容易打结，多次穿布也会造成线的磨损。

使用穿线器

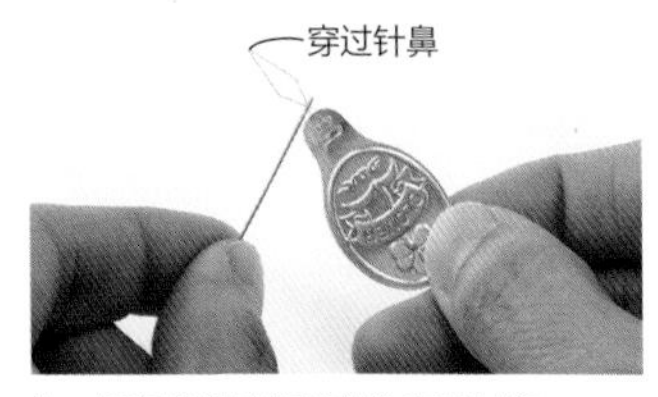

1. 将穿线器的菱形部分穿过针鼻。

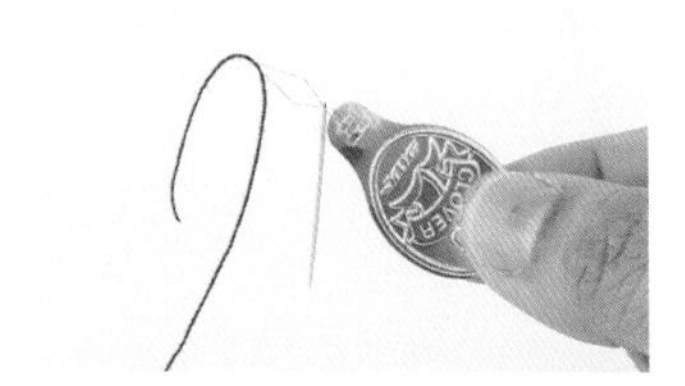

2. 在菱形部分穿线。

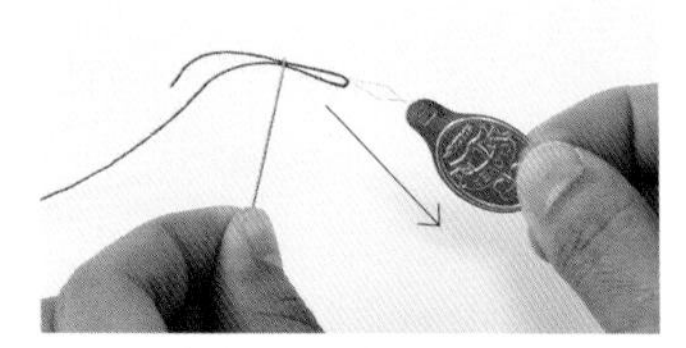

3. 抽回穿线器，完成穿线。

2. 单股线和双股线 绝大多数情况是用单股线缝合，在安装纽扣和需要加固或布料较厚的情况下，也有用双股线缝合的。

穿线后，在一根线头打结的是单股线，在两根线头打结的是双股线。

3. 打结 为了将线固定到布上，需要在线头打结。

线上打结

针上绕线

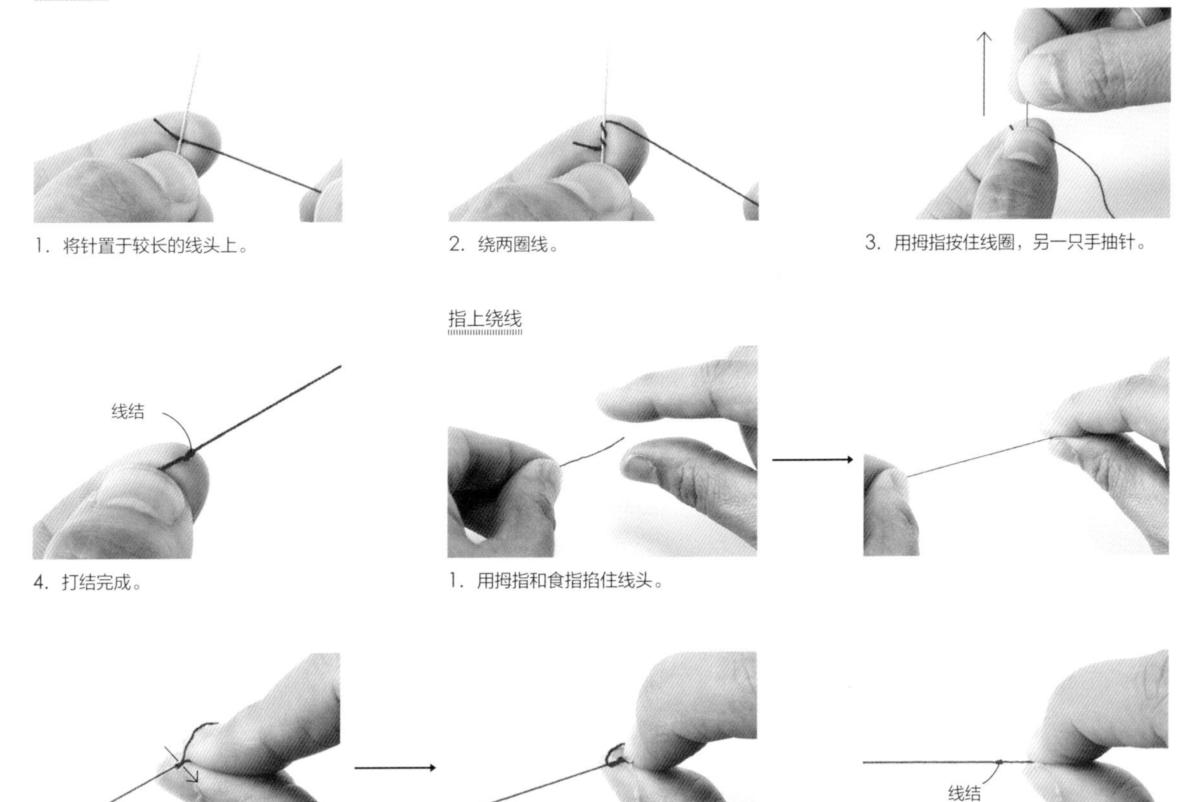

1. 将针置于较长的线头上。

2. 绕两圈线。

3. 用拇指按住线圈，另一只手抽针。

4. 打结完成。

指上绕线

1. 用拇指和食指掐住线头。

2. 在食指上绕一圈（如左图所示），抽出食指让线捻合（如右图所示）。

3. 一旦抽出食指，捻合部分在线头形成线结。

布上打结

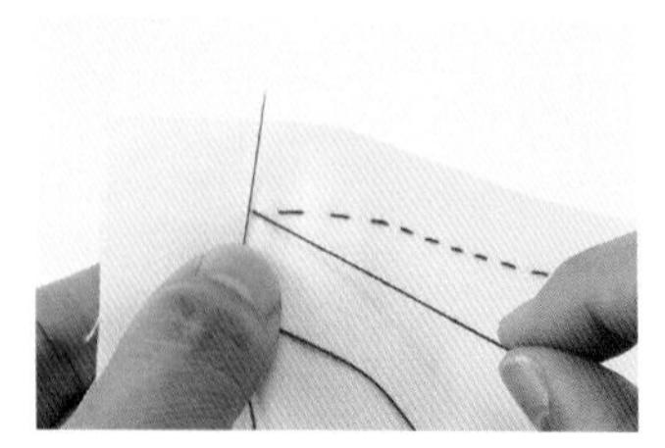

1. 缝合结束时，针置于线旁。

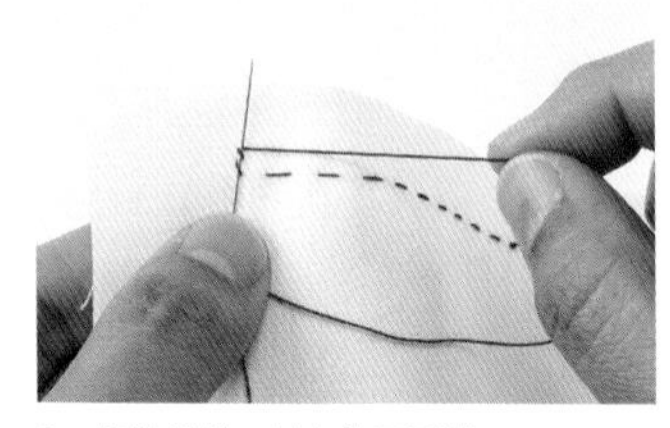

2. 将针按住，其上绕两圈线。

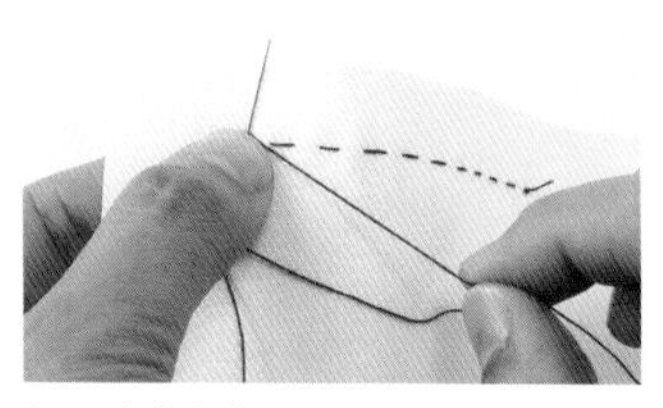

3. 用拇指按住线圈部分。

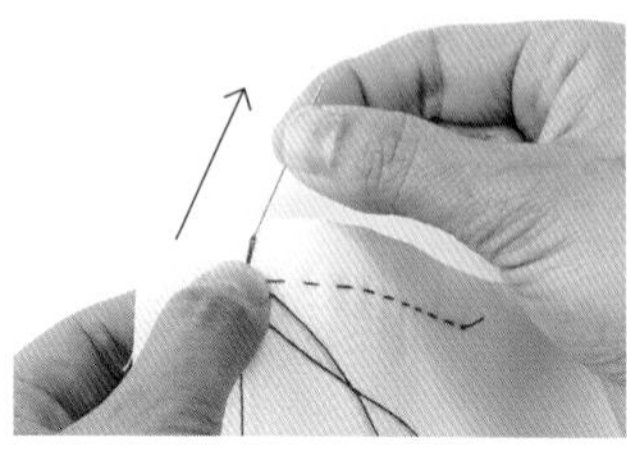

4. 另一只手抽针。

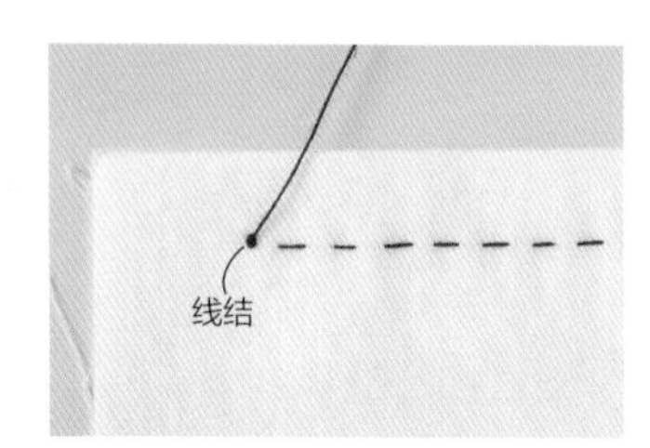

5. 打结完成。线圈部分用拇指按紧，才能保证线结打在布上。

4. 基本的缝纫方法

尽管“缝合”“贴边”“藏针缝”的运针方法有些许差异，但都是应该知晓的技法。

持针方法

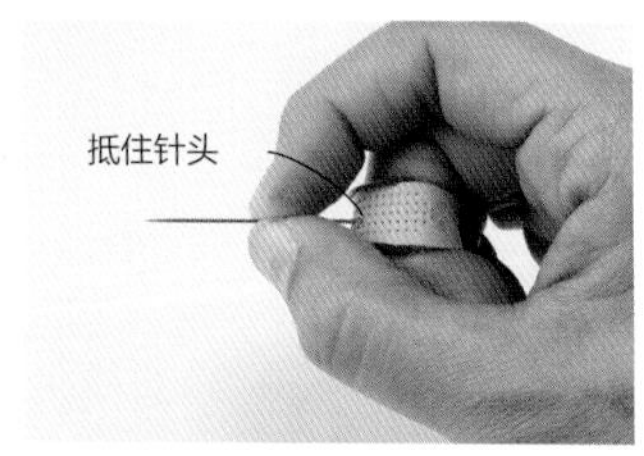

将顶针套在惯用手的中指第一和第二关节之间。抵住针头（针鼻的那一侧），边用中指推针边进行缝合。

两手的拇指和食指夹住布料。缝合时，无需每针都进出布料，两手的拇指和食指交替上下移动，用带顶针的中指推针进行缝合。

缝合 ※ 图中是实物等大。

平缝 针距为 0.3~0.5cm 的基础缝合方法。正反两面针距相同。用平缝法进行缝合也被称作“运针”。

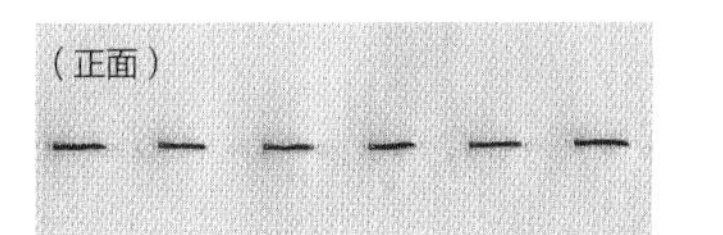

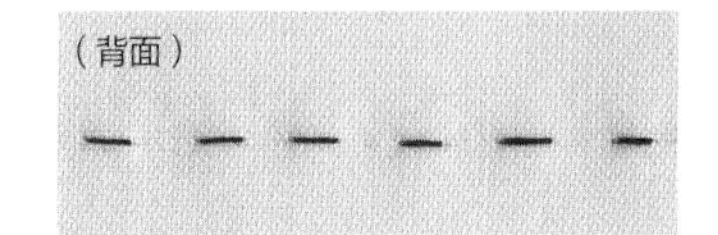

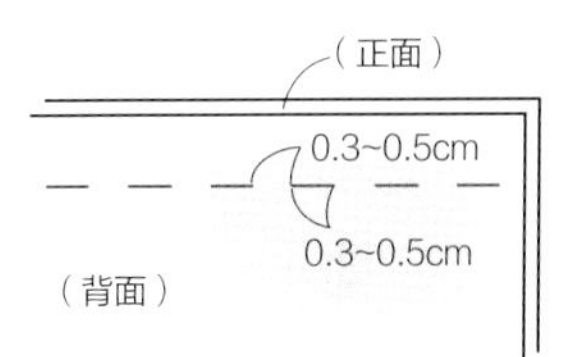

密针缝 比平缝针脚更密，针距为 0.2cm。正反两面针距相同。需要缩小如袖山等曲线部分的缝份时使用。

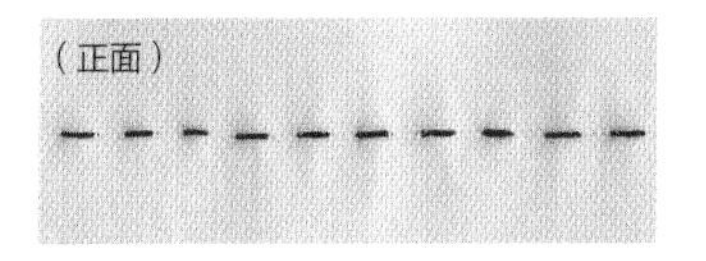

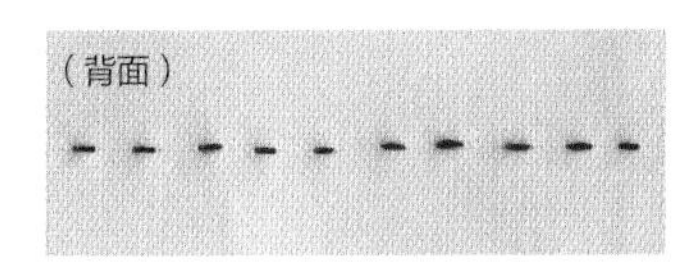

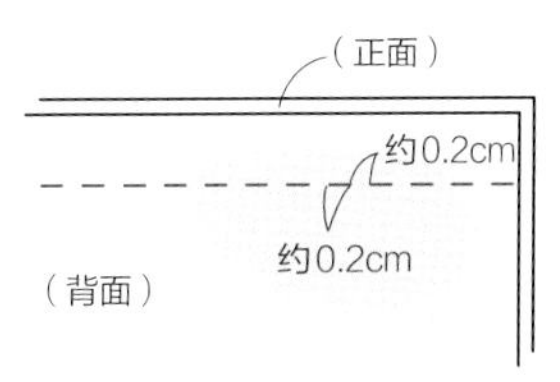

回针缝 一边回针一边进行缝合。正面如机缝一样针距无间隙，背面是回一针与第二针针距重合。

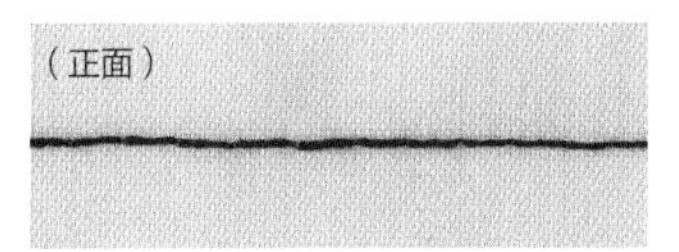

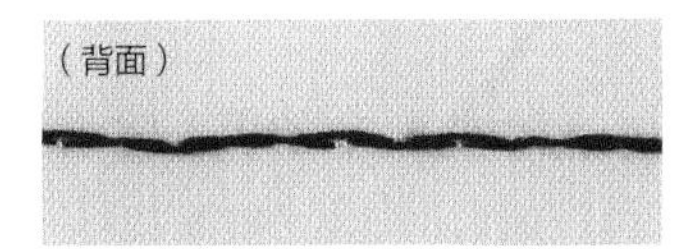

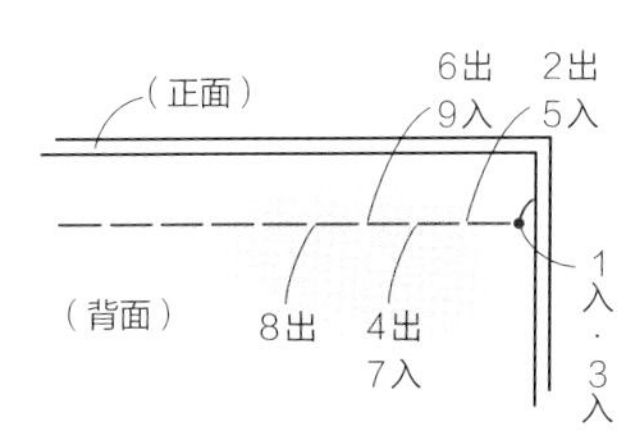

半回针缝 一边回半针一边进行缝合。正面如平缝及密针缝，背面针距重合。

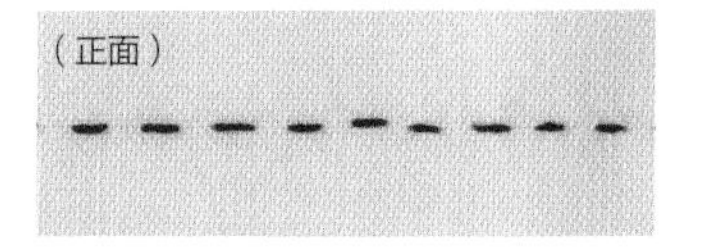

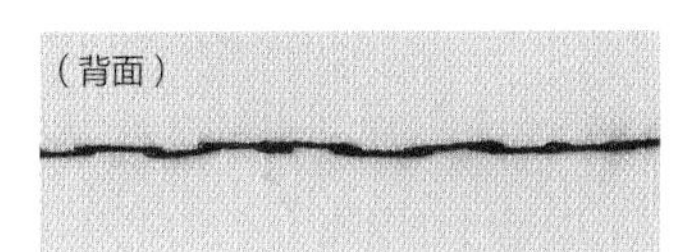

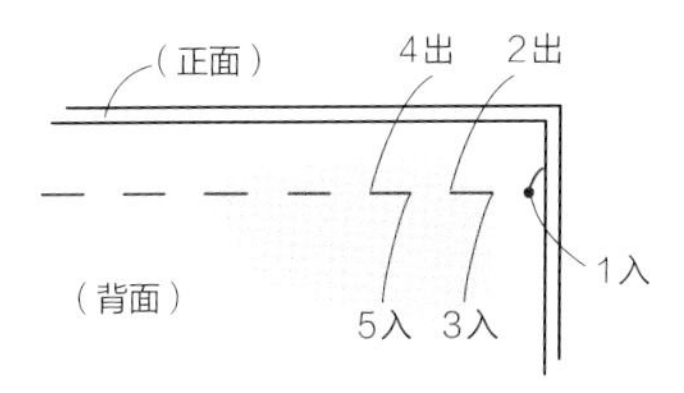

星止缝 与半回针缝运针方法相同，正面针距极小，间隔 0.5~1cm 进行缝合。固定缝份时使用。

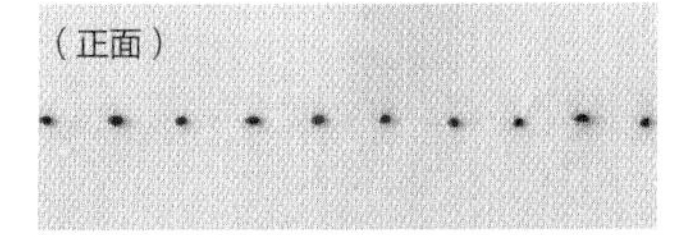

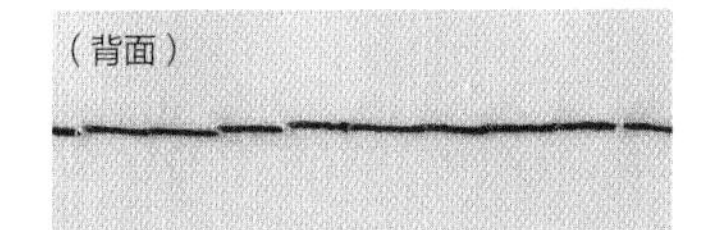

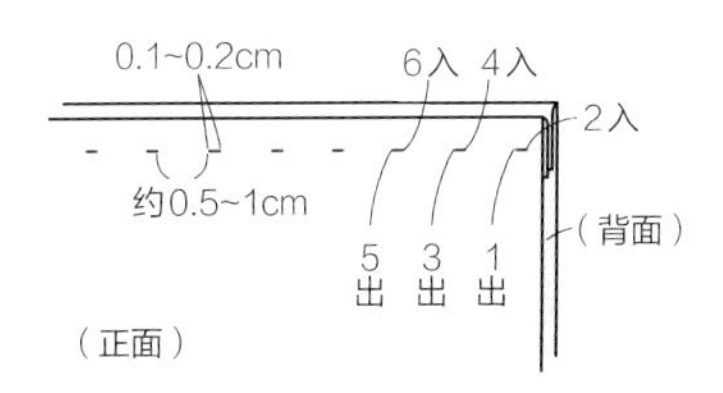

纤缝

平纤缝 沿折痕斜向纤缝的方法。在裙或裤下摆，边缘背面（p.82）等处使用。在正面穿过 1~2 根纱线进行纤缝。

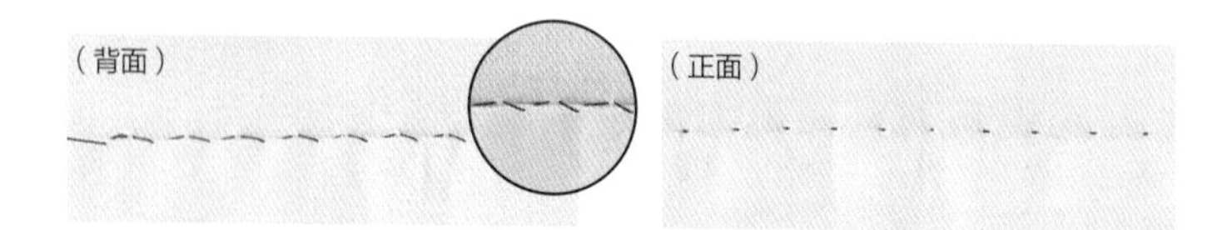

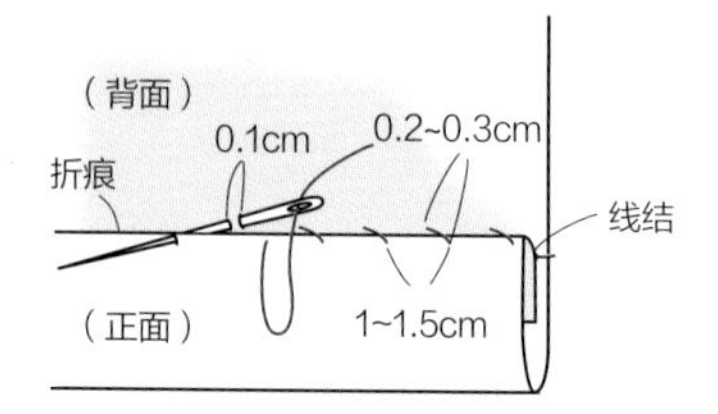

内纤缝 翻折布边，稍微向内侧穿线缝合的方法。处理布边时裙和裤下摆的纤缝。

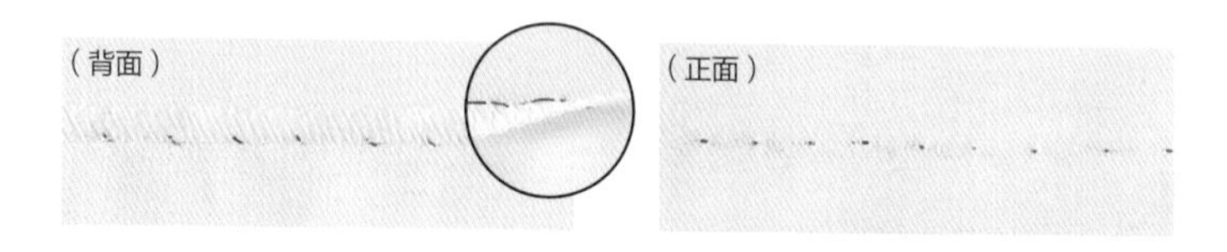

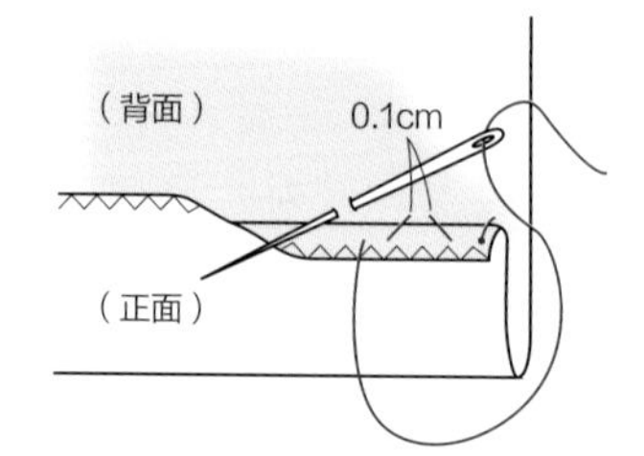

立针缝 垂直于折痕的纤缝。比平纤缝更牢固。

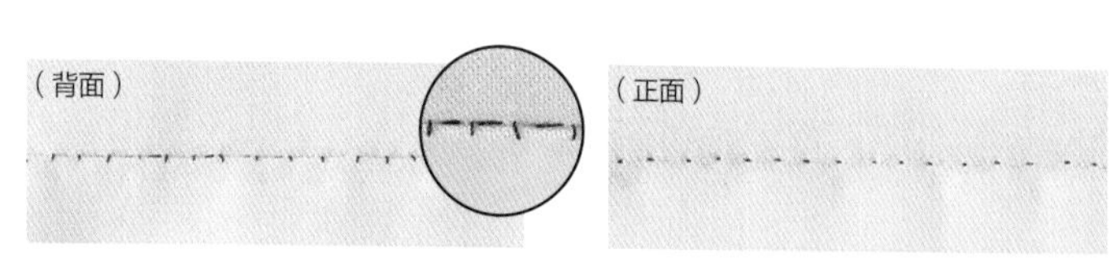

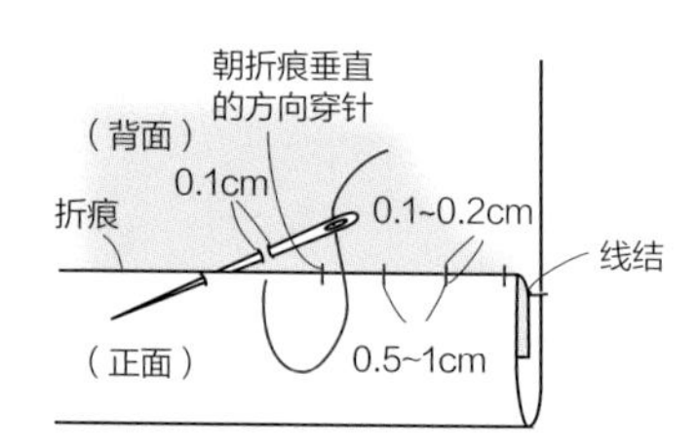

内立针纤缝 几乎看不见纤缝线，一边朝折痕内侧穿线一边进行纤缝。在贴布时使用。

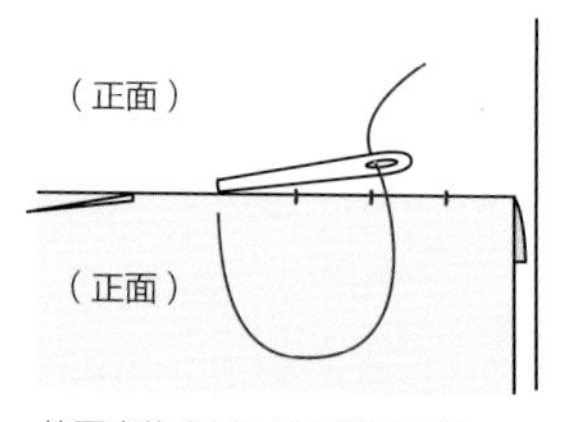

从图案线内侧入针折痕处出针

藏针缝

贴布缝　沿着折痕进行缝合的方法。缝合返口时常用。

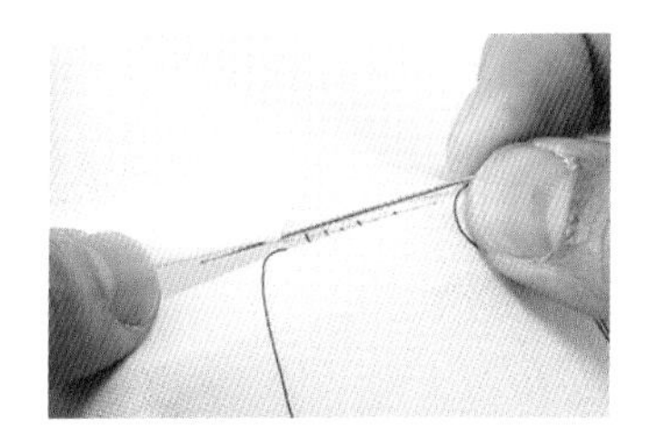

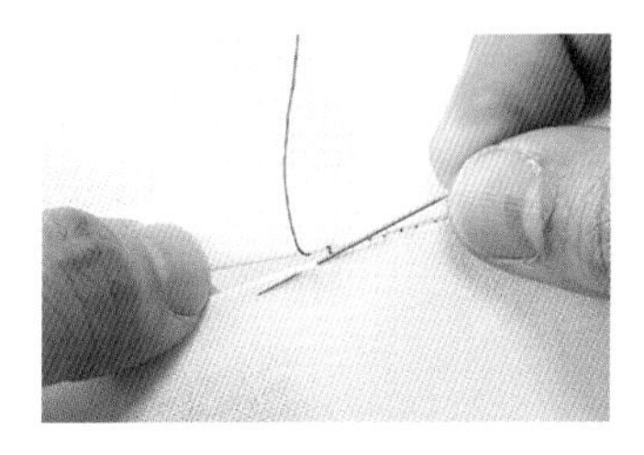

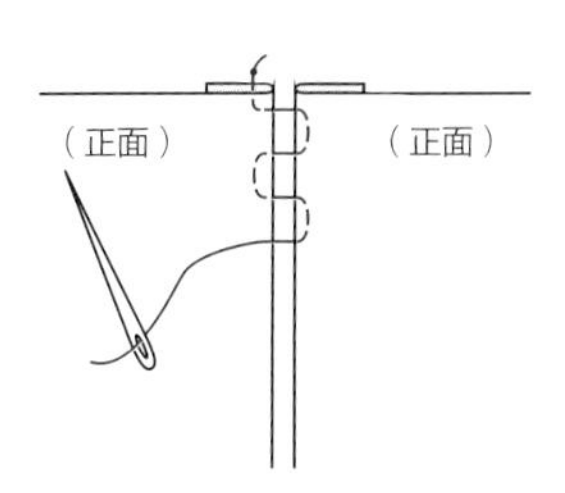

5. 安装纽扣

牢固缝合时需要记住的诀窍。只有专用缝扣线用单股，其余的都要用双股。

两眼纽扣

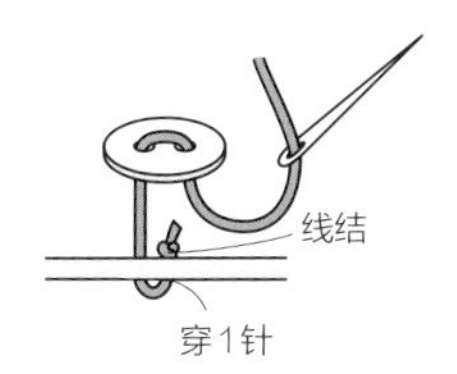

1. 正面打结入针，穿过纽扣眼。

2. 与步骤 1 中相同位置入针，线脚长度是固定纽扣时布的厚度。

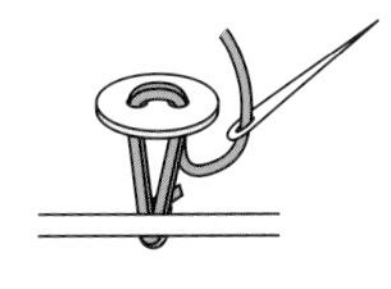

3. 穿 2~3 回线。

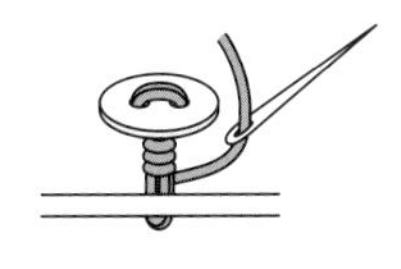

4. 在线脚上从上往下无间隙绕线。

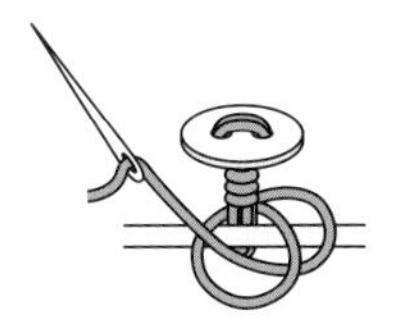

5. 在步骤 4 中绕完线的线圈中穿针拉线固定。

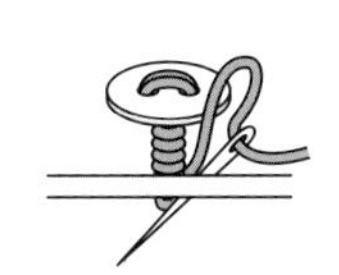

6. 从背面出针。

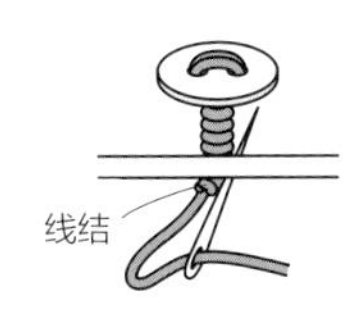

7. 打结，从正面出针。

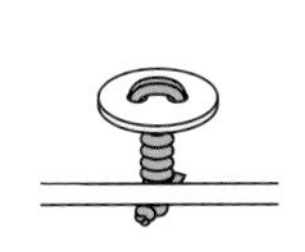

8. 拉紧后沿布剪线。

四眼纽扣

安装方法同 p.47 的两眼纽扣。

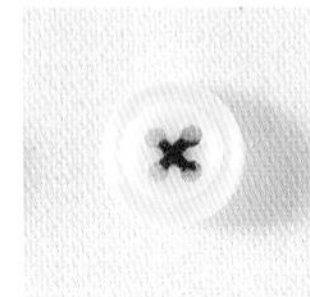

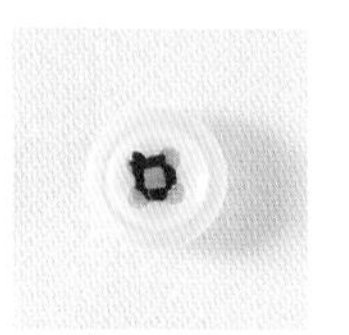

1出 2入
3出 4入

1出 3出
4入 2入

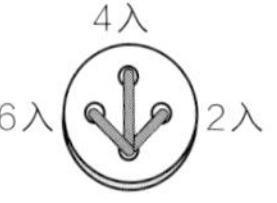

1出 2入
7出 4入
6入 3出
8入 5出

Q. 如何开扣眼？

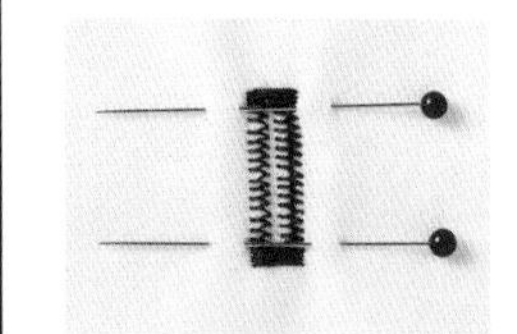

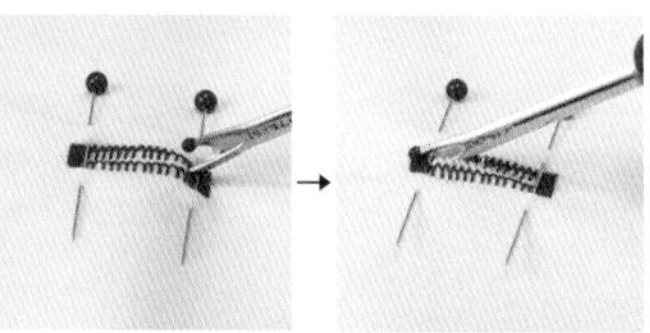

A. 要用到珠针和拆线器。在扣眼两端用珠针固定（如上图所示），插入拆线器，往前拆布（如下图所示），直到珠针处停止，注意不要拆过头。

力扣

在大衣等厚布上固定扣子时，为了均衡两面受力，通常在背面固定一颗小扣子。

正面

背面（力扣）

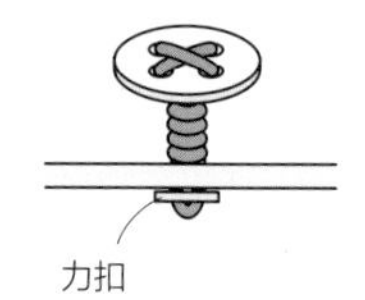

穿线到背面时，也穿过力扣的眼，同时固定两颗纽扣。力扣那面无需线脚。

高脚扣

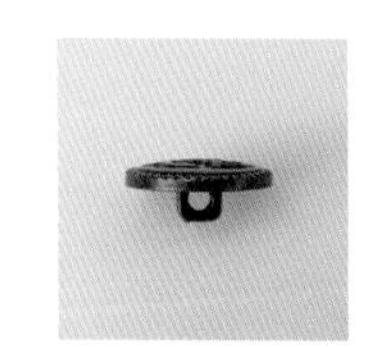

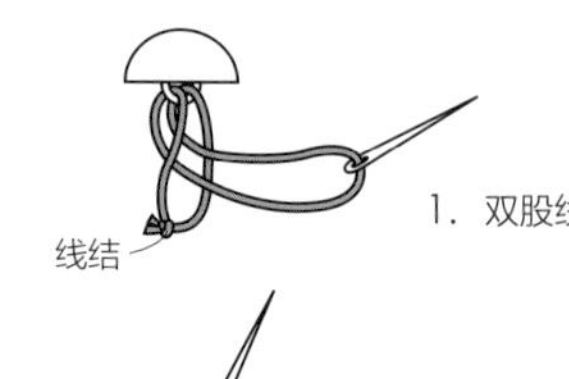

1. 双股线从线环中穿针。

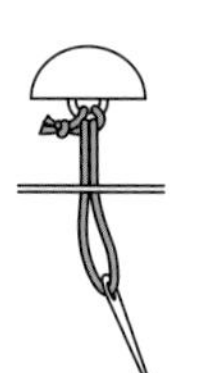

2. 在固定纽扣的位置从正面入针。

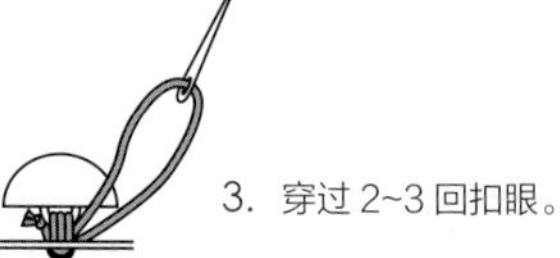

3. 穿过 2~3 回扣眼。

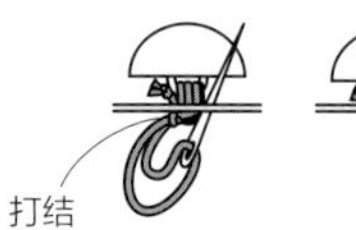

4. 在背面打结后，再从正面出针，拉紧后剪线。

按扣

凸侧

凹侧

先安凸侧，再配合凸侧的位置安装凹侧。安装方法一样。

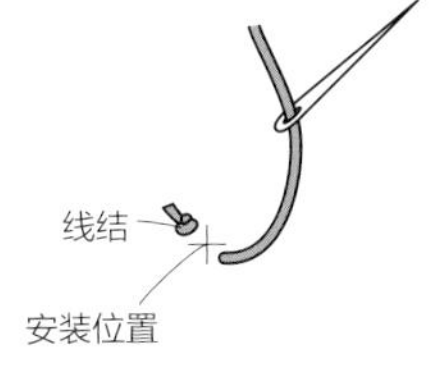

1. 线上打结，从正面入针隔一针距再出针。

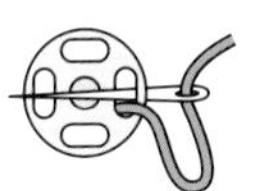

2. 从按扣孔出针，外侧边缘穿布，再次从孔出针。

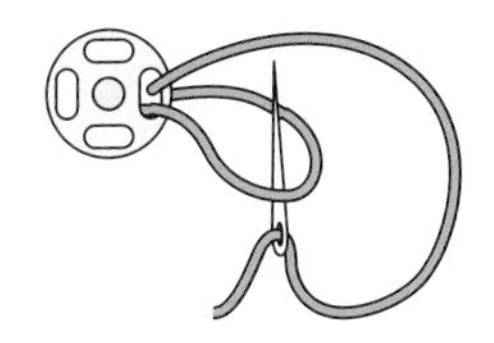

3. 穿过线环拉线固定。

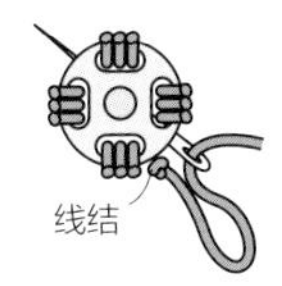

4. 重复步骤 3，一个按扣孔穿三次线，最后在按扣边缘打结，从下侧穿线，在背面出针。

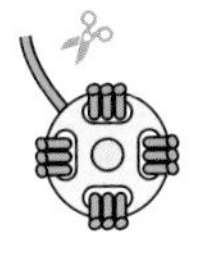

5. 拉线并在按扣下方打结，入针，沿布剪线。

搭扣

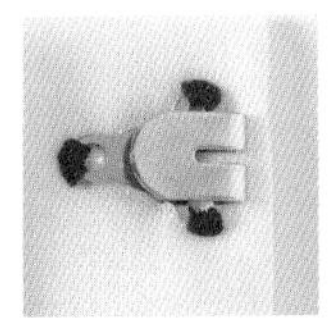

钩侧

扣侧

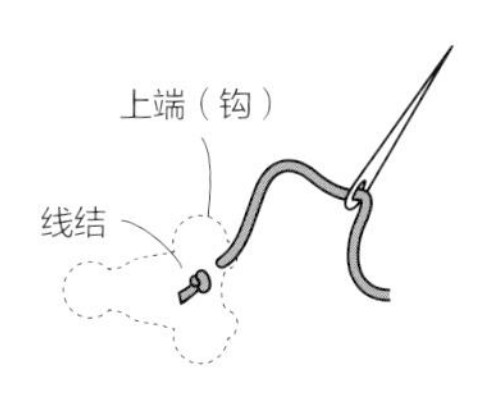

1. 线上打结后，从正面入针，从搭扣能盖住的位置出针。

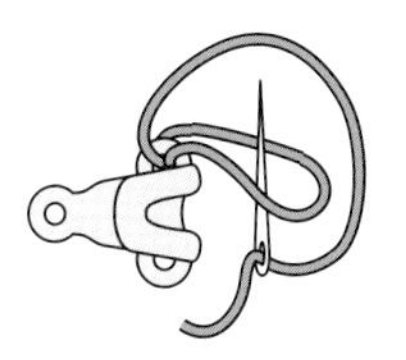

2. 安装方法同按扣的步骤 2~5。每个孔穿 3~6 次线，扣侧也是一样。

§8 机缝

缝纫机让缝纫速度翻倍，是事半功倍的好伙伴。虽然有选机器时的纠结，但做手工时的快乐和期待是无与伦比的，那就让我们在市面上的家用缝纫机中斟酌价格与功能，选出最适合自己的那一款。

1. 了解缝纫机

缝纫机一旦购买，就得使用较长一段时间。为了用得顺手，首先需要了解一些基本功能和使用方法。

缝纫机各部分的名称

※ 不同的缝纫机，按键和刻度的位置会有差异。也可能没有这里介绍的某些功能，名称差异的情况也有，请一定注意。

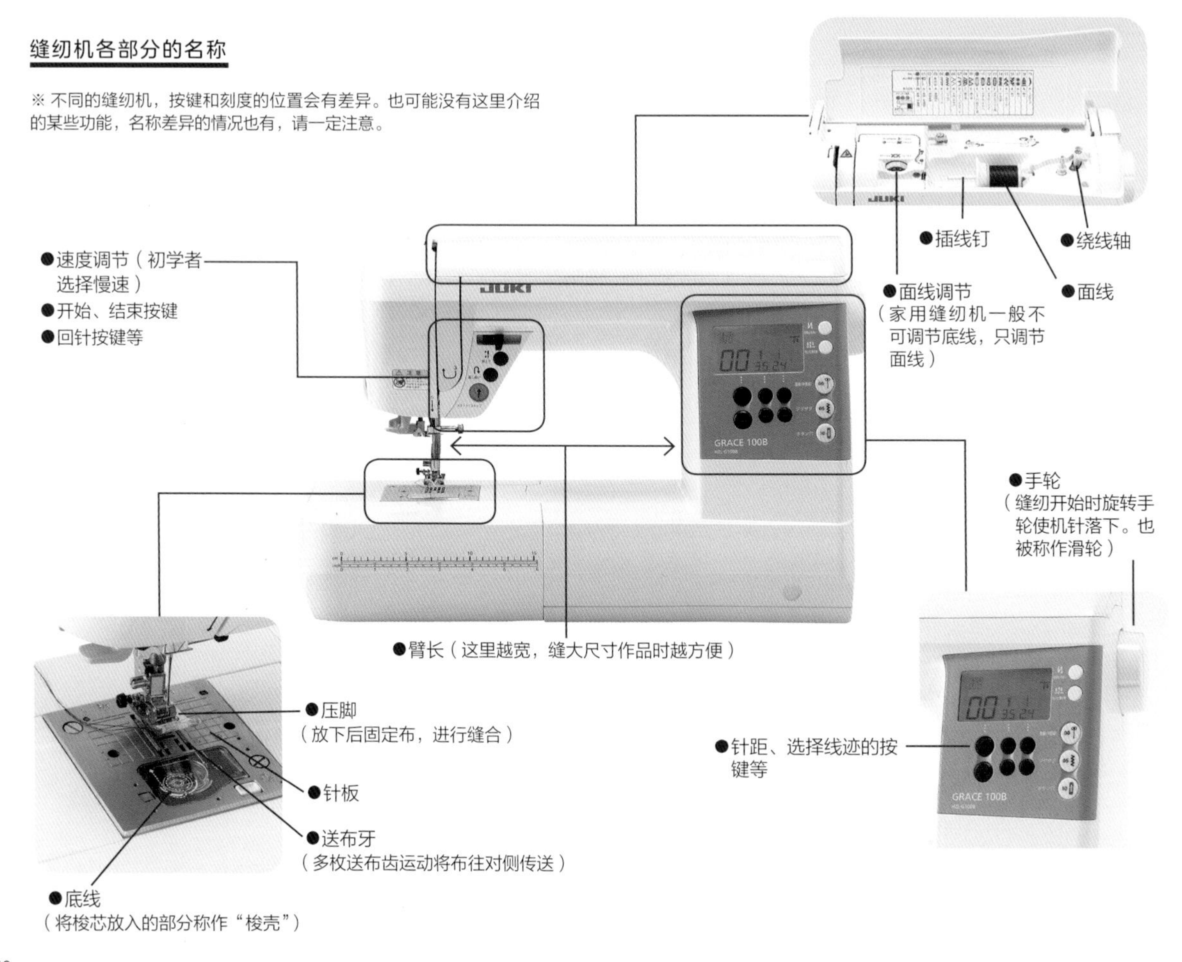

缝纫机的线迹

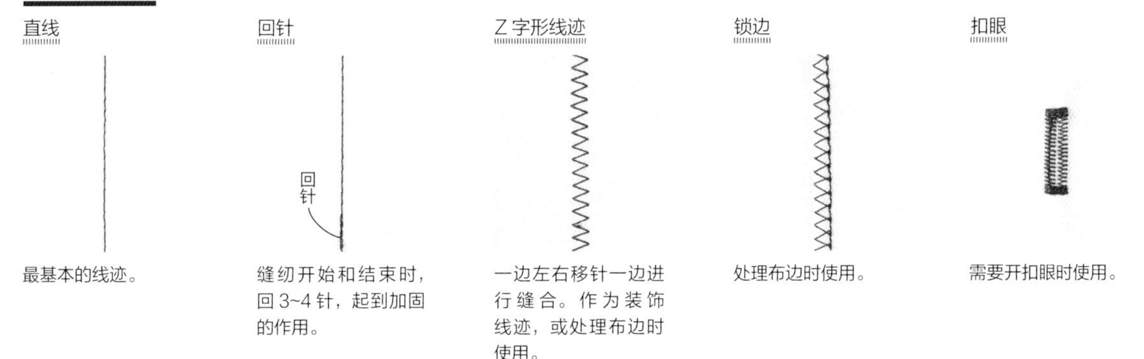

直线

最基本的线迹。

回针

缝纫开始和结束时，回 3~4 针，起到加固的作用。

Z 字形线迹

一边左右移针一边进行缝合。作为装饰线迹，或处理布边时使用。

锁边

处理布边时使用。

扣眼

需要开扣眼时使用。

调节线的张力

※ 缝纫机在面、底线之间缝合布料，需要调节二者张力。

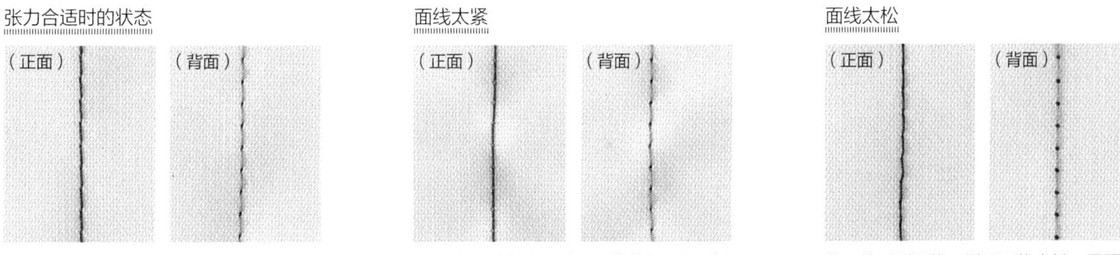

张力合适时的状态

正反面看到的针距相同，表明面、底线张力平衡。

面线太紧

正面能看到底线，说明面线太紧。需要调小面线张力。

面线太松

背面能看到面线，说明面线太松。需要调大面线张力。

针距大小

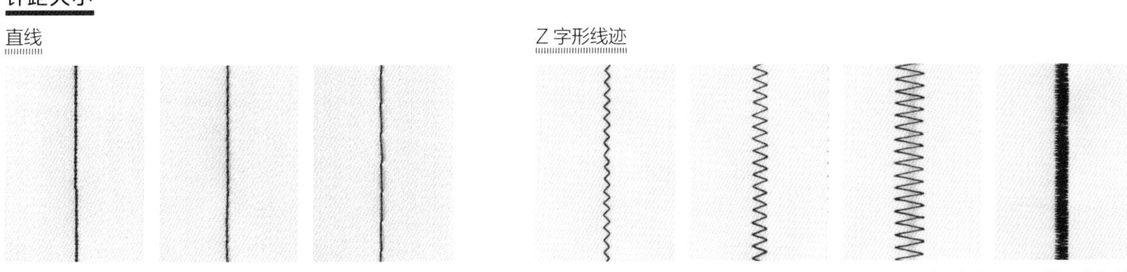

直线

中间图的针距 2.5mm 是一般缝纫的针距。右侧图是打褶时使用的大针距。左侧图是微调时使用的小针距。

Z 字形线迹

Z 字形线迹针距长度和宽度均可调节。也可小间隔缝出如右图所示的一条粗线的效果。

选择适合布料的机针

普通布用相应机针和缝线缝出的效果。如果针线匹配，缝出来的线迹会很美观。

错误！ 正确！

左图是薄布用厚布用针和缝线缝出的效果。对于布来说，针线都太粗，会起皱。右图是用薄布用针和缝线缝出的效果，线迹就很美观。

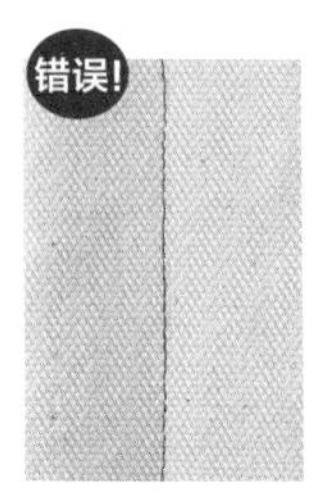

左图是帆布用薄布用针和缝线缝出的效果。线迹陷入布中，也有断线断针的可能。右图是用厚布用针和缝线缝出的效果。

选择机缝线颜色

在选择与布料颜色匹配的机缝线时，未拆掉新线的塑料膜，不易判断线与布的匹配度。

在手工店参考色卡（如左图所示），挑出相近的几种置于布上，选择最合适的颜色（如右图所示）。素布是浅色布选择稍浅的颜色，是深色布选择稍深的颜色，花布选择花色面积最大的颜色。

试车

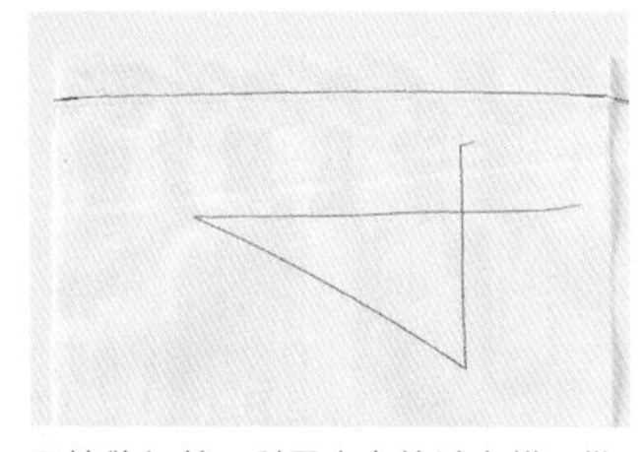

开始缝纫前，利用小布块试车横、纵、斜向的三条缝线，并调整好布与线的关系，保证二者处于合适状态。

Q. 何时需换机针？

A. 机针是易耗品。断针时，当然要更换。有时无肉眼可见变化，但缝合时有嗒嗒声，或用指腹触摸时感觉针尖有磨损时也需要更换。手缝针也是如此，针尖钝了就需更换。

2. 基本的缝纫技法

直线、曲线、立体、褶……无论什么情况都能缝得很美观，用缝纫机来完成吧。

直线缝合

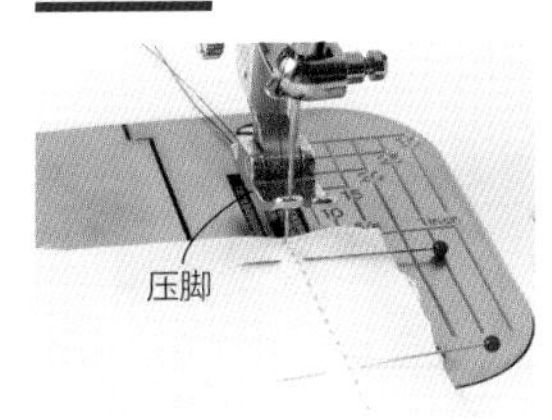

1. 保持压脚抬起状态，机针落到完成线上。旋转手轮，将机针落到合适的位置。

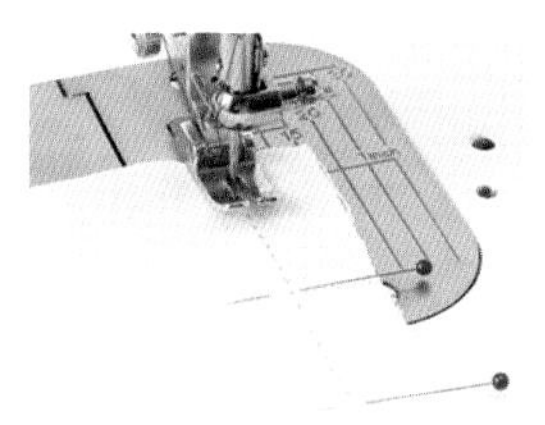

2. 放下压脚，缝纫 3~4 针后回针。开始和结束时如果没有特别注明，默认要回针。

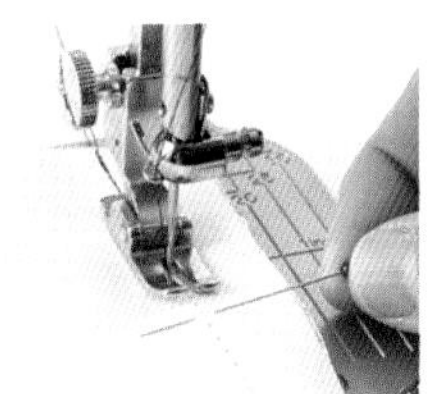

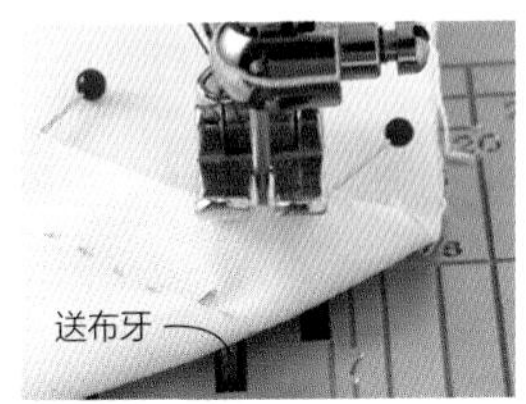

3. 沿着完成线进行缝合。珠针在送布牙上时抽出（如右图所示）。如果压脚压到珠针，线迹、珠针都会弯。

4. 回针缝合后，缝纫结束。在布边外剪线（如圆形图所示）。

缝纫后的熨烫

处理缝线

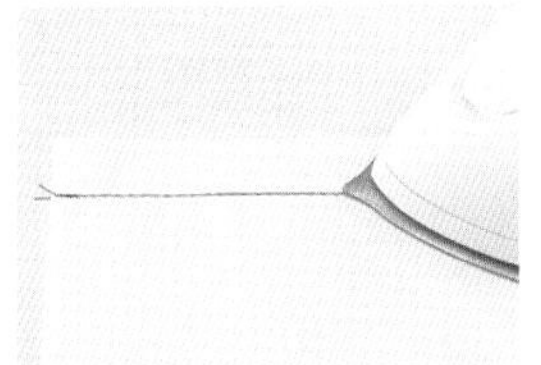

缝纫结束后，熨烫缝线，使之平整。

缝份分开

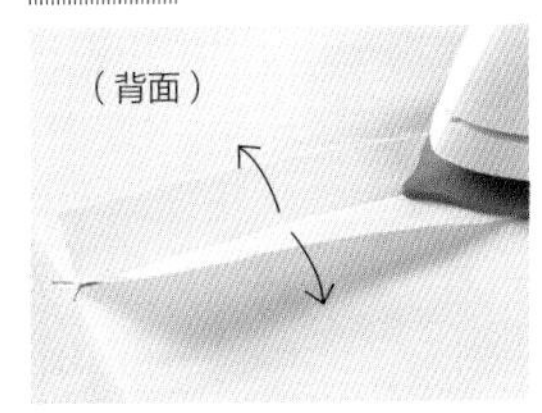

缝份左右分开熨烫。

缝份倒向一侧

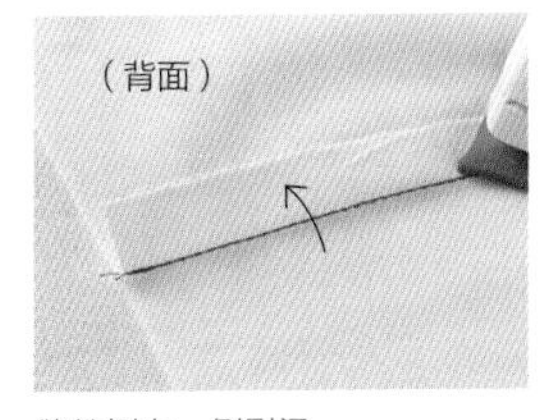

缝份倒向一侧熨烫。

Q. 不能从开始一直缝到结束。

A. 开始到结束没有必要一次性到底。对于熟练使用缝纫机来说很重要的一点是，关注缝线走向，确认停针位置，然后再次开始进行缝合。

Q. 不能熨烫的布怎么办？

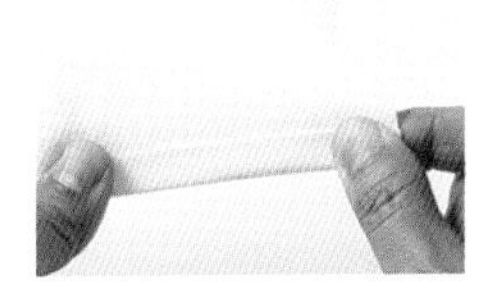

A. 对于有些不耐热，不能熨烫的布，可以用手来平整，用手指折叠缝份，调整缝线。

转角缝合

四角缝合　※ 车缝两枚四方形布片，再翻到正面缝合返口。

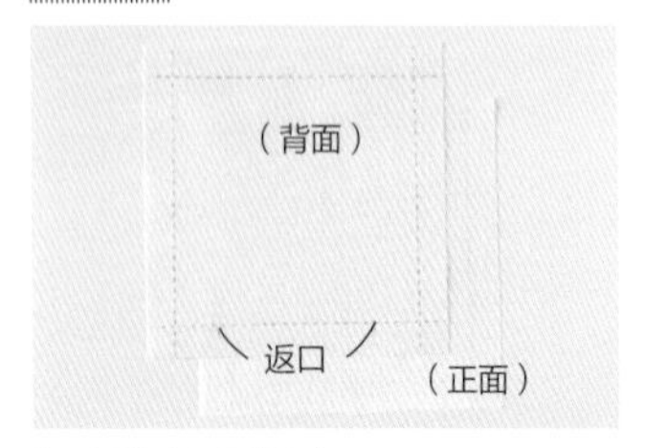

1. 两片布正面相对。

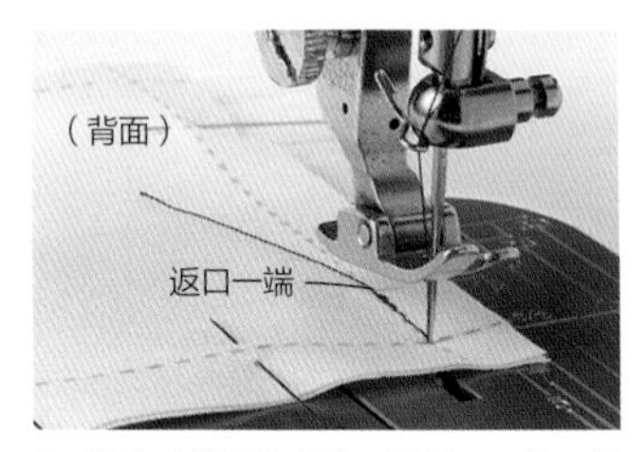

2. 沿完成线固定珠针，从返口一端开始缝合。回针，缝到角时保持机针落下，这时抬起压脚。

3. 将布旋转 90°。

4. 放下压脚，开始缝合。剩余的三个角方法相同。最后缝到返口另一端时回针，结束。

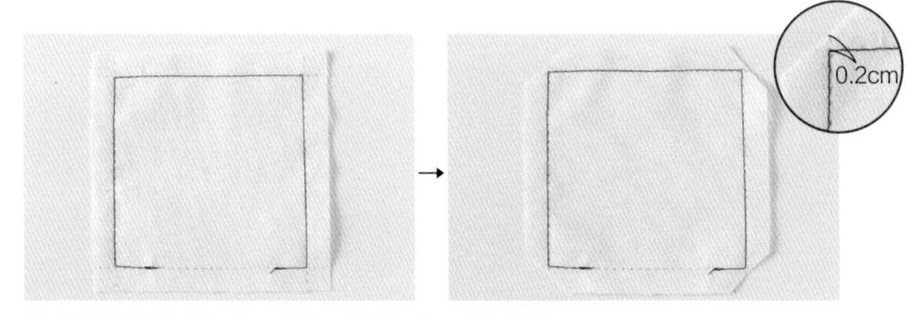

5. 就这样翻到正面，为了缝份不重叠，将角斜向剪掉。

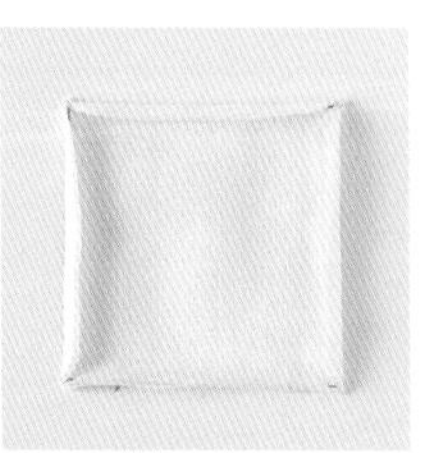

6. 熨烫缝份，经过这一处理后，翻到正面时，针脚比较清晰。

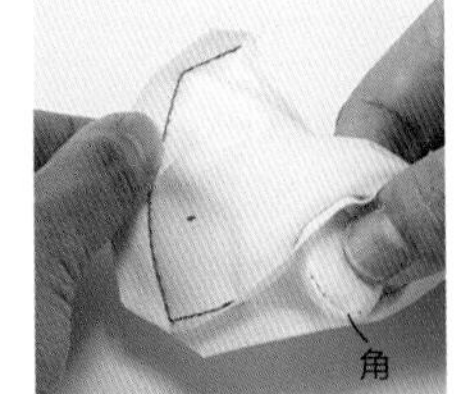

7. 从返口翻到正面。手指伸到一角（如左图所示），拇指和食指捏住角翻到正面（如右图所示）。

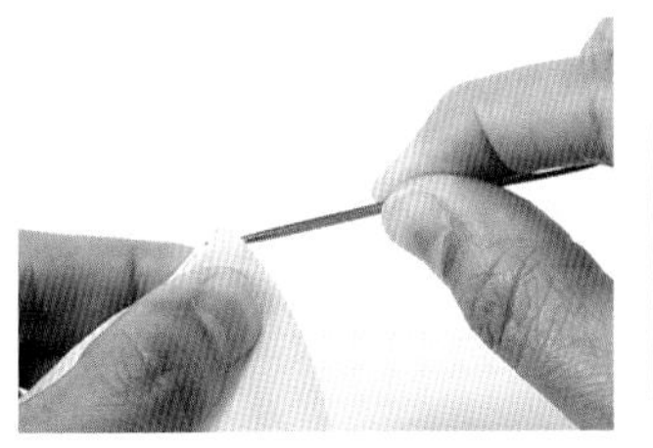
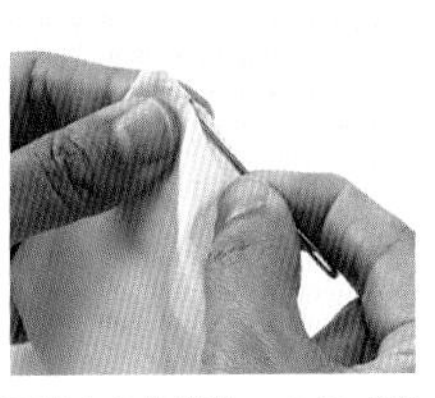

8. 翻到正面后，用毛线针调整四角。正面要挑出角的缝份，尖角才能凸显出来。用锥子可能会伤布，建议使用圆头针。

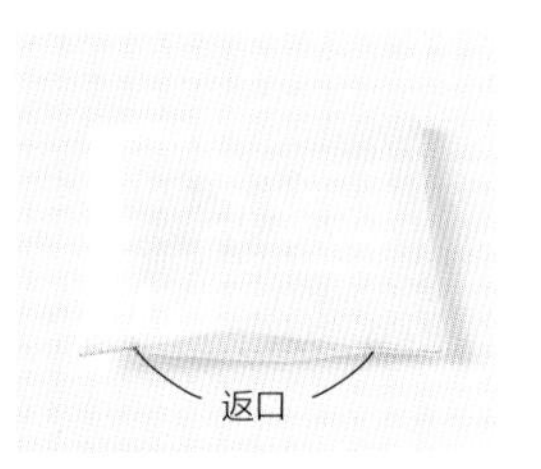

9. 翻到正面的状态。再次熨烫返口。

10. 藏针缝（p.47）缝合返口，完成。

厚布缝合四角的诀窍

布料比较厚时，如图转弯处的一针斜向缝合，翻到正面时就是美观的尖角。

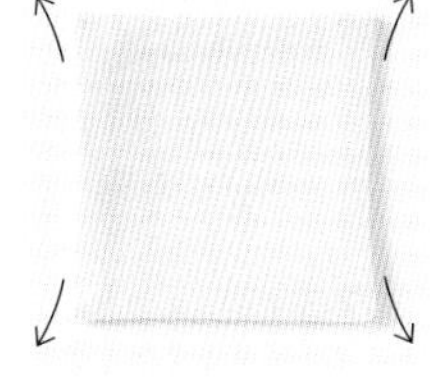

依然直角缝合，翻到正面时就会凸出变形。

凹处的角

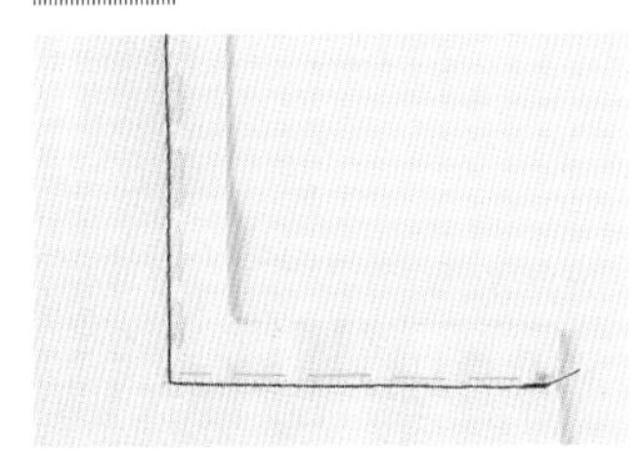

1. 角的部分如 p.54 的步骤 2、步骤 3，抬起压脚，改变布的方向再进行缝合。

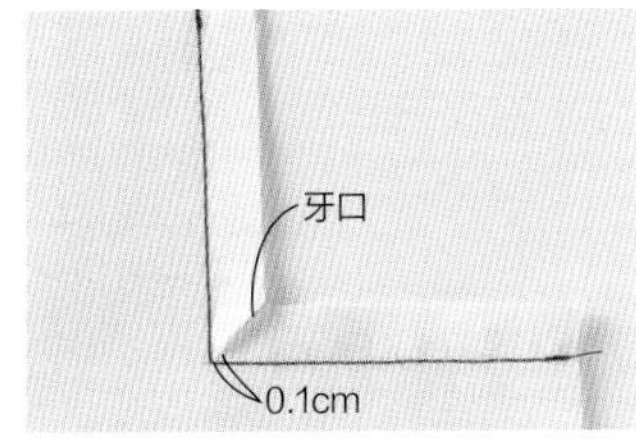

2. 在距角线迹 0.1cm 的位置剪牙口。

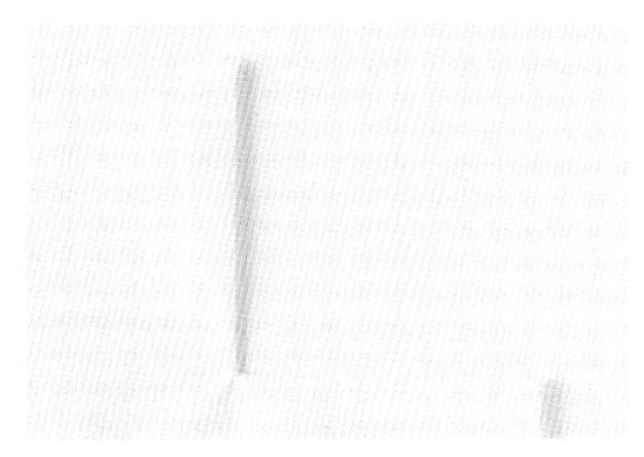

3. 翻到正面。没有牙口时，缝份会勾连，无法顺利翻出。

Q. 即使是相同尺寸，缝合时也会错位。

A. 因为布的伸缩率不同，两片不同的布缝合时会有错位。另外针距不同也会错位。除了用珠针固定，还要进行疏缝，再慢慢缝合。

Q. 缝合毛巾布时，机针带起线圈，难以继续。

A. 在毛巾布下放一张拷贝纸一起缝合，防止线圈被带进针孔。

Q. 没画完成线，如何处理比较好？

A.

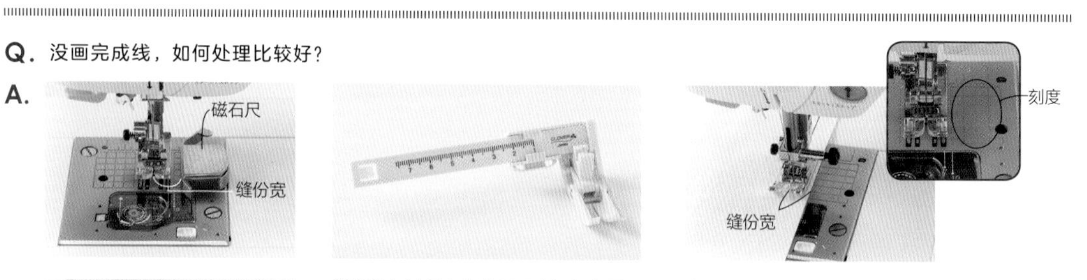

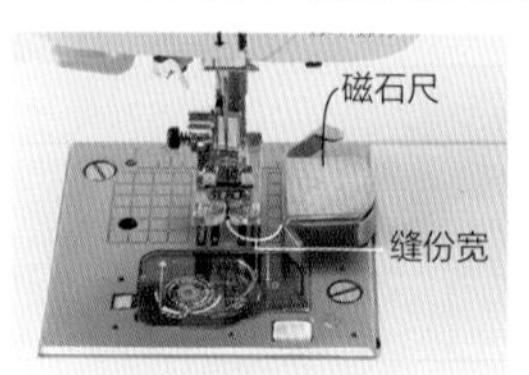

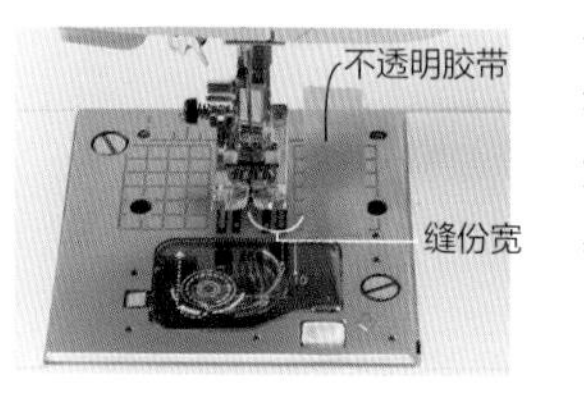

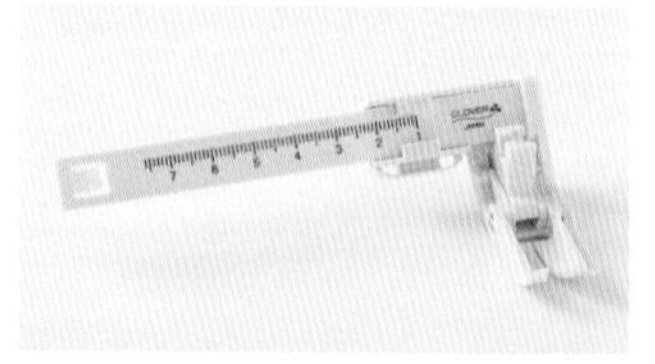

能吸附在针板上的磁石尺（如左上图所示），含有依据线迹宽度调整的刻度尺的压脚（如中图所示），使用这些工具，即使不画完成线，也能缝出正确的缝份。还有代替磁石尺，贴不透明胶带的方法（如左下图所示）。

也可以参考针板的刻度进行缝合。确认好刻度与缝份宽的位置关系，刻度对齐布边进行缝合。

Q. 缝合细长布料时容易歪。

A.

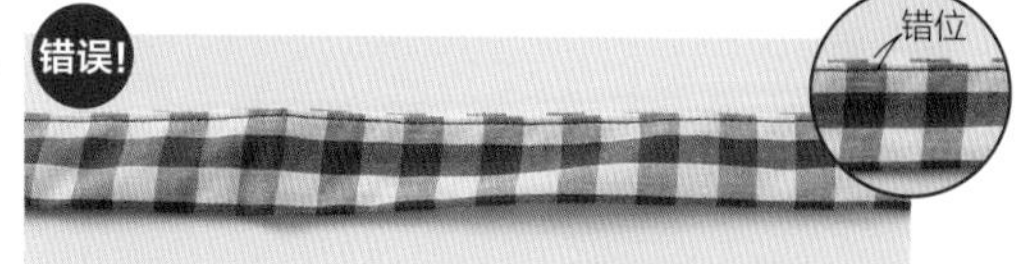

送布牙上的两片布受力不均，下布会被送出更多，缝合长距离时，上下布会逐渐错位，从而导致变歪。特别是格子布，看起来更明显。

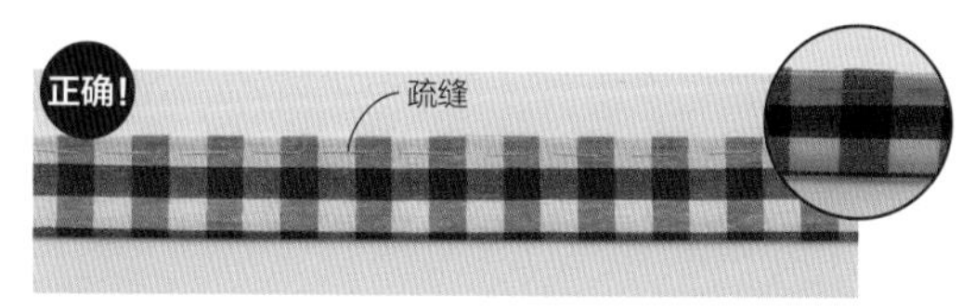

先进行疏缝，再慢慢缝合，就不会歪了。

带状缝合

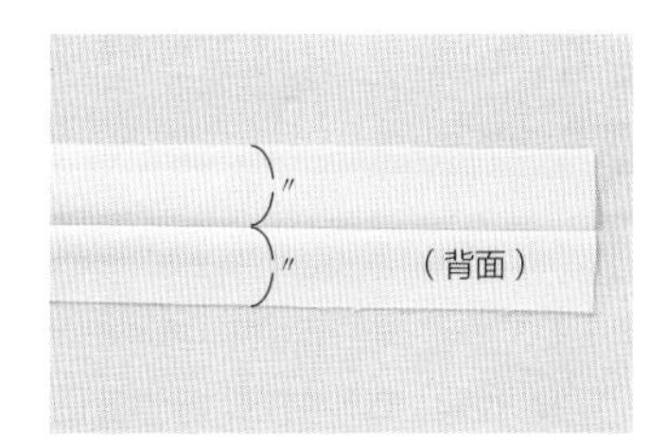

1. 需要折四次形成布条时，首先需要将布对折，进行熨烫，再打开。

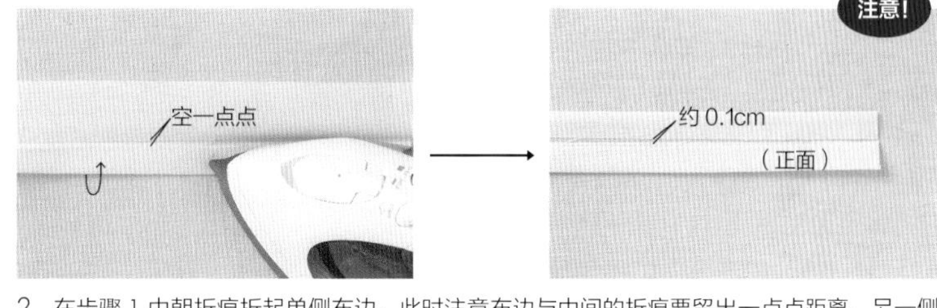

2. 在步骤 1 中朝折痕折起单侧布边，此时注意布边与中间的折痕要留出一点点距离，另一侧也是一样。诀窍是中间空出 0.1cm 左右的间隙。

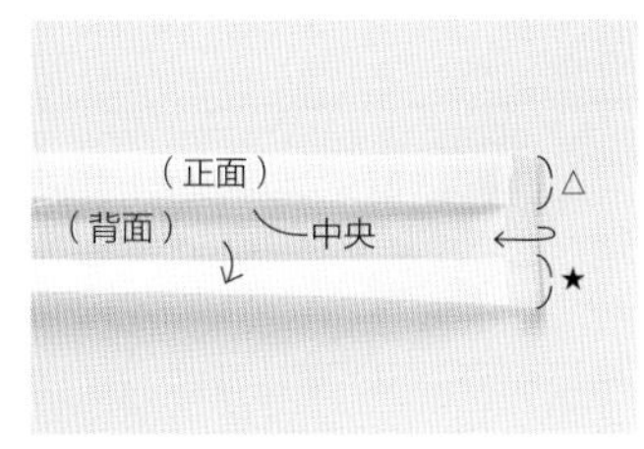

3. 打开，将短布边朝内折。

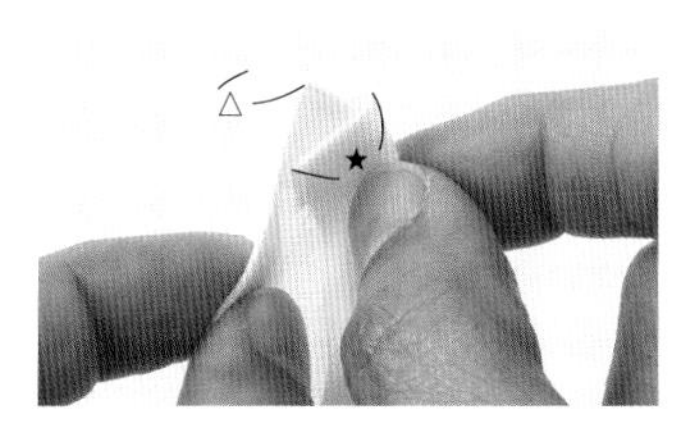

4. 将步骤 3 中的★部分朝△部分折入，此时形成四层，这种方法不会露出布边。

5. 折成需要宽度的状态。由于步骤 2 中间事先留出一定的间隙，此时完美折叠。

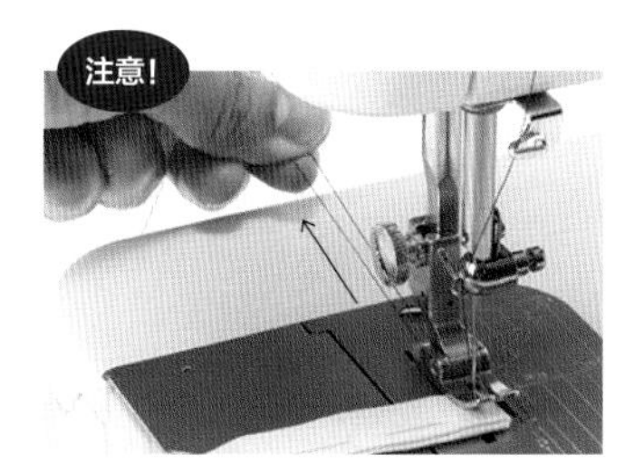

6. 缝合开始时，机针前进比较困难。如图所示，一边拉住面线、底线一边进行缝合，机针前进会比较顺利。这里要将线穿过针，对线进行处理，因此需要事先预留一段长度。

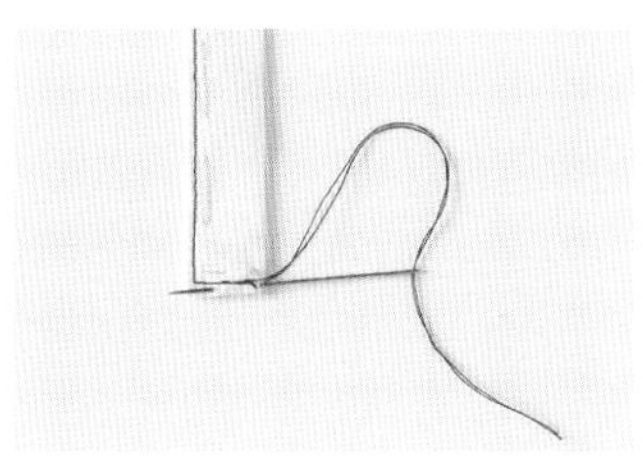

7. 面线、底线均穿过针。从边缘入针，旁边出针，剪线。

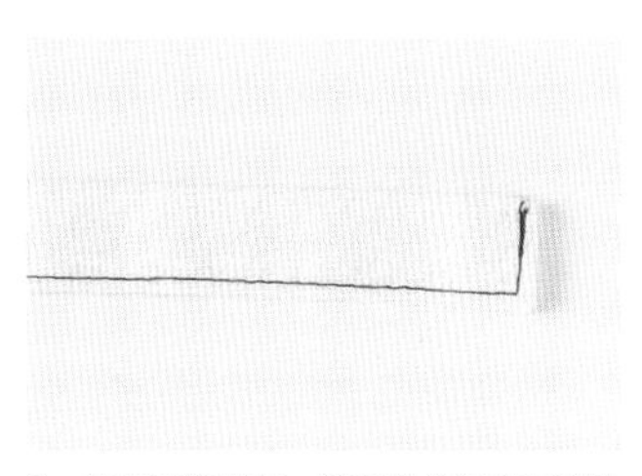

8. 处理完的状态。这部分会在表面露出针脚，因此线的处理要小心进行。

Q．正面相对缝合的细长布带，无法顺利翻到正面。

A． 为了能顺利将细条形状的布翻到正面，建议使用斜裁布。

下面介绍两种方法。

● 用毛线针

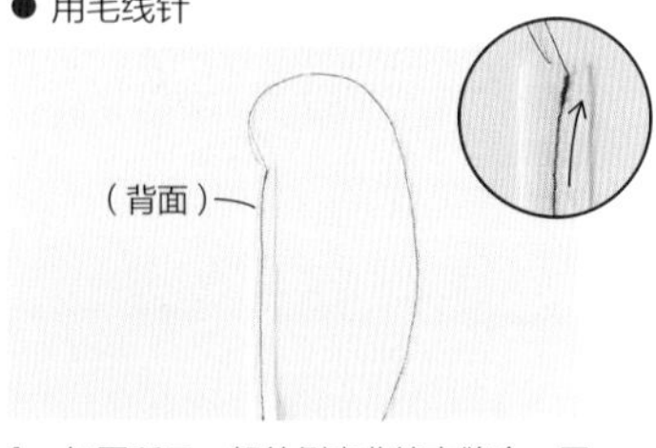

1．如图所示，朝外侧弯曲结束缝合。因为还要穿针，要留出足够长的线。

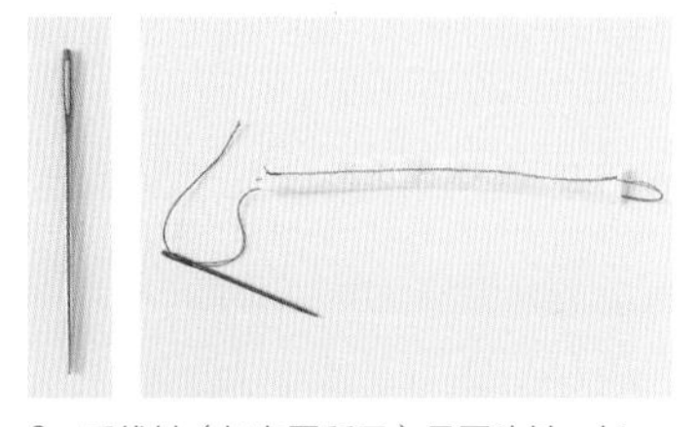

2．毛线针（如左图所示）是圆头针，长度也够，用起来很方便。穿线，再从带中穿针。

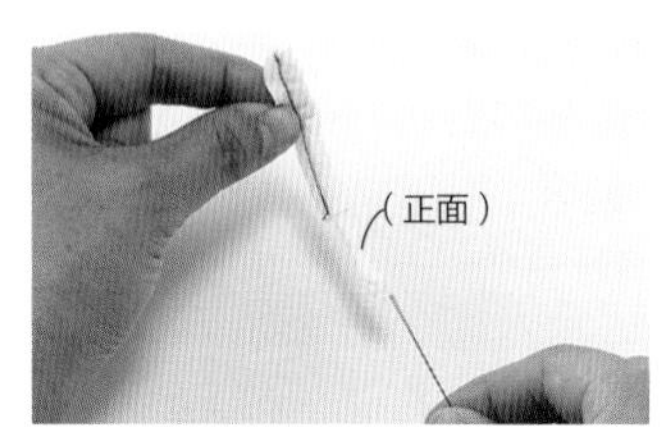

3．抽针时随着拉线，布边也会被拉到内侧。

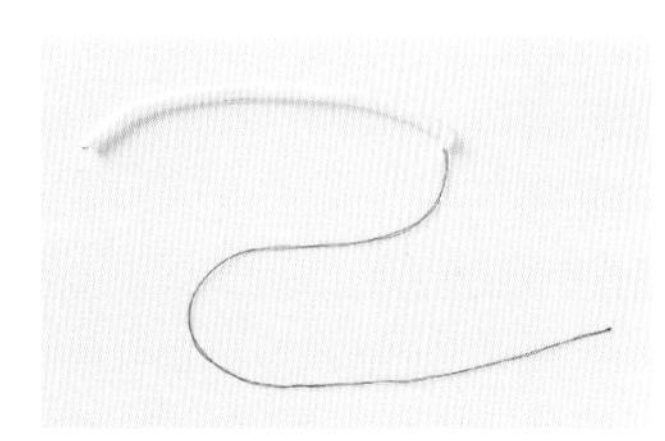

4．就这样翻到正面的状态，然后剪线。

● 用返里器

1．使用返里器（如上图所示）也能达成。将返里器塞入布带中，从另一头穿出。用这个方法即使线头较短也没关系。

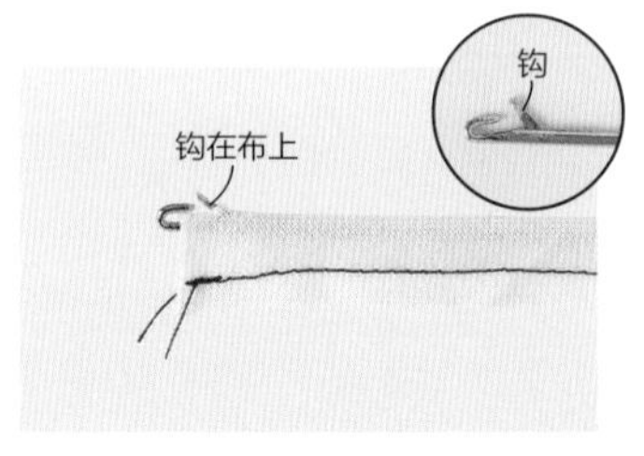

2．将返里器的钩（如圆形图所示）挂在布上。

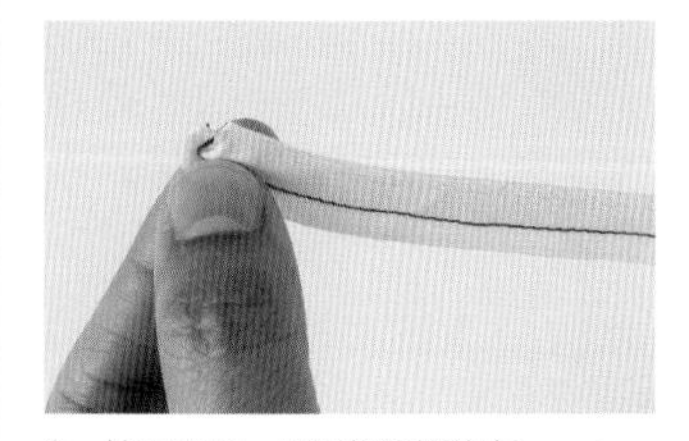

3．拉返里器，用手轻轻按住布。

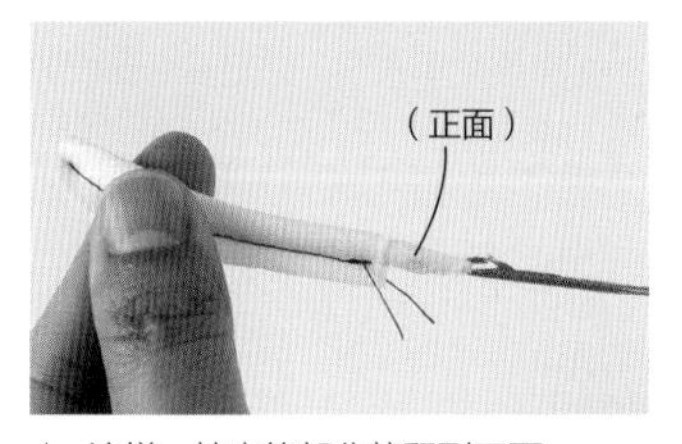

4．这样，拉出的部分就翻到正面。

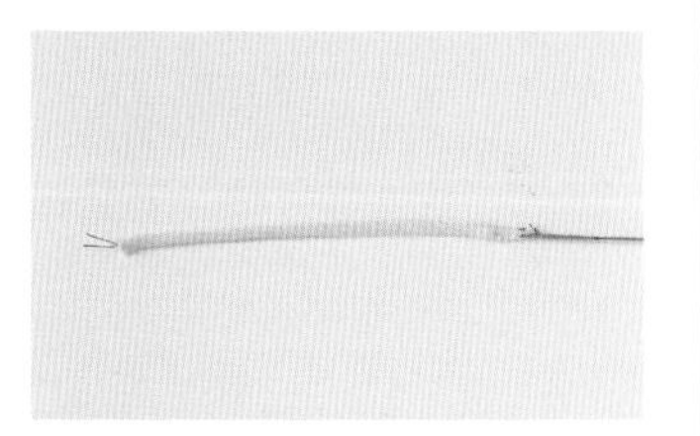

5．翻到正面的状态。另外，布纹较粗的布容易绽线，建议用毛线针。

筒状缝合

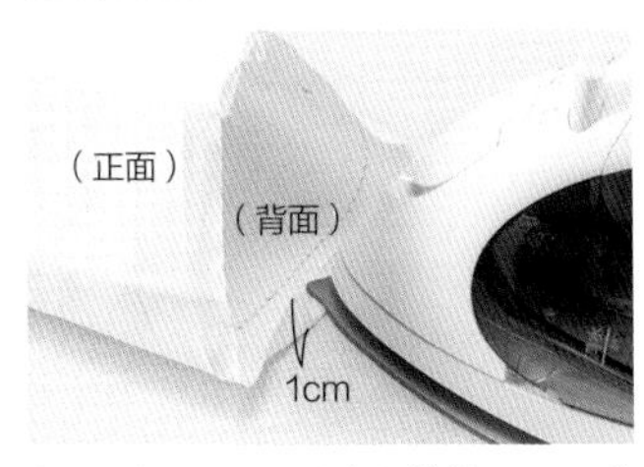

1. 布边折三层。图中是缝份 2.5cm 分成 1cm 和 1.5cm 的三层。开始折 1cm 进行熨烫。

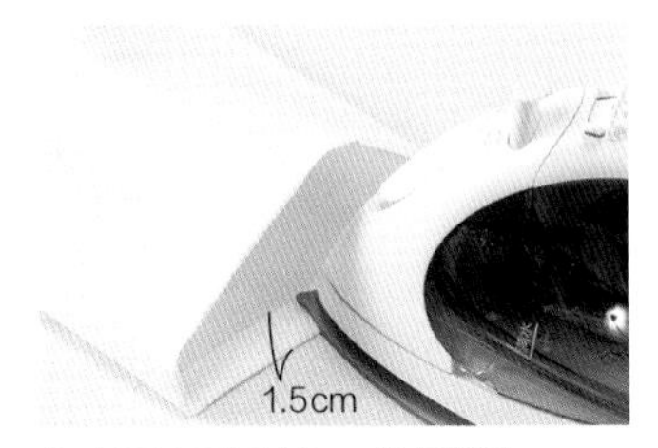

2. 接下来再折 1.5cm 进行熨烫。

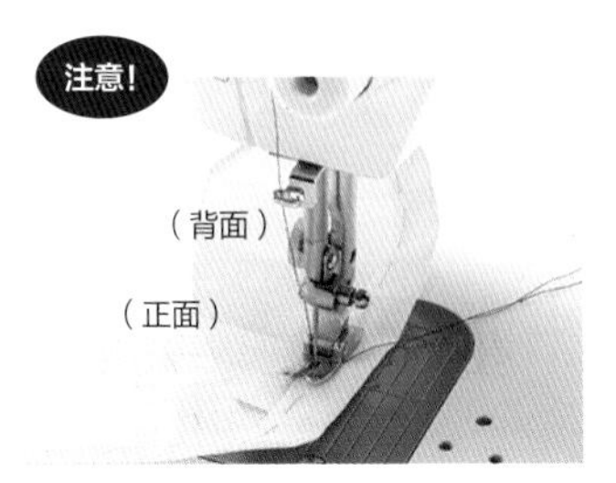

3. 正面朝外，如图所示，一边看着内侧一边进行缝合，比较简单。

使用筒台

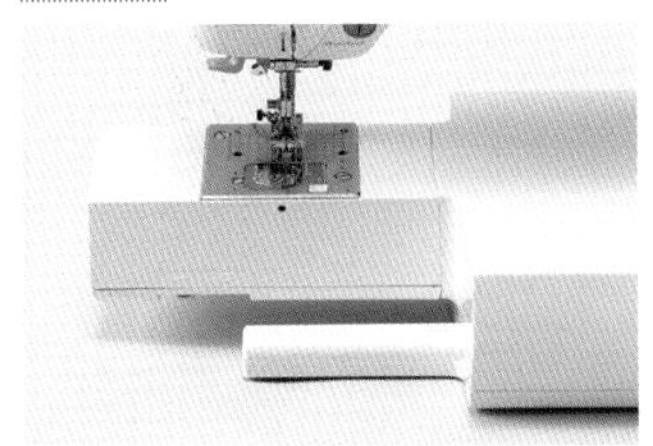

1. 家用缝纫机一般可以取下针板周围的辅助缝台，具备筒台的功能。

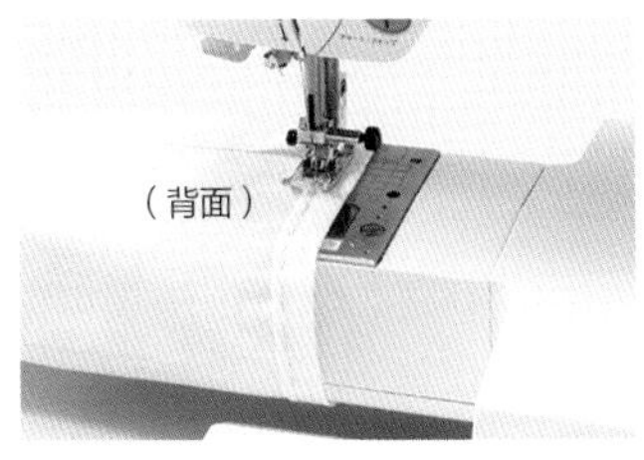

2. 背面朝外进行缝合。缝合袖口或包口等比筒台周长大的筒状物时，非常方便。

线头的处理

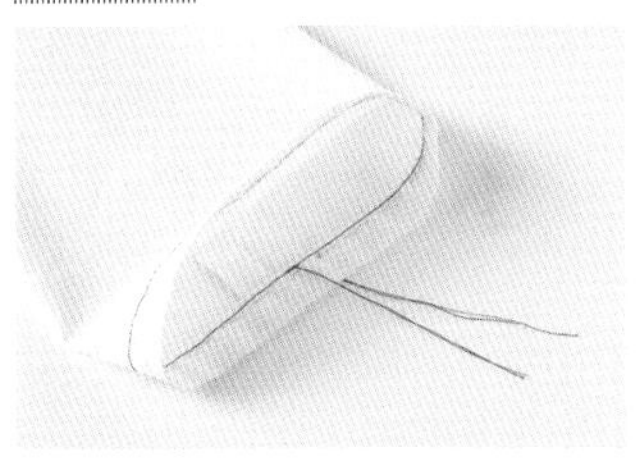

1. 缝合结束的状态。将露出表面的线拉进背面。

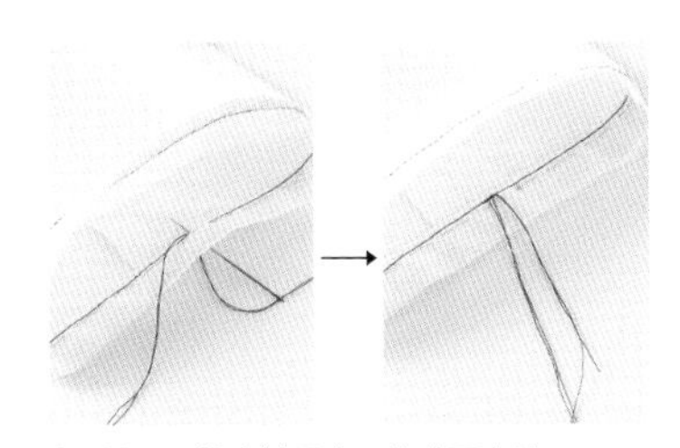

2. 将两股线穿针固定，从背面出针。

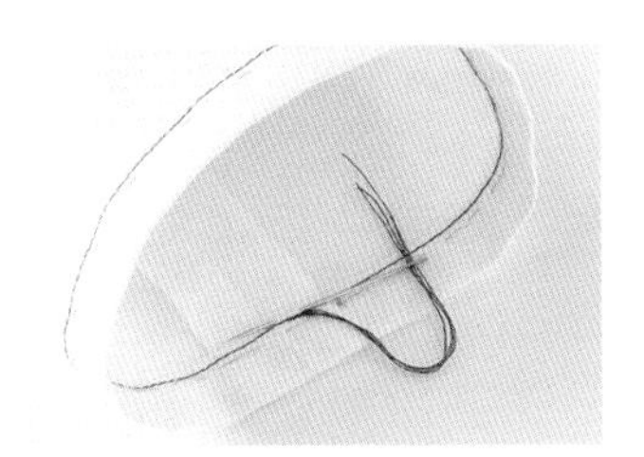

3. 四股线一起穿针，在出针外边缘入针，旁边出针。

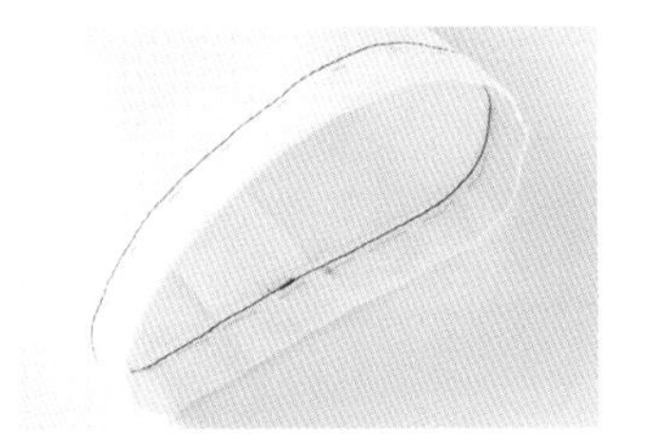

4. 沿布剪线。不打结也可以。

曲线缝合

内曲线缝合

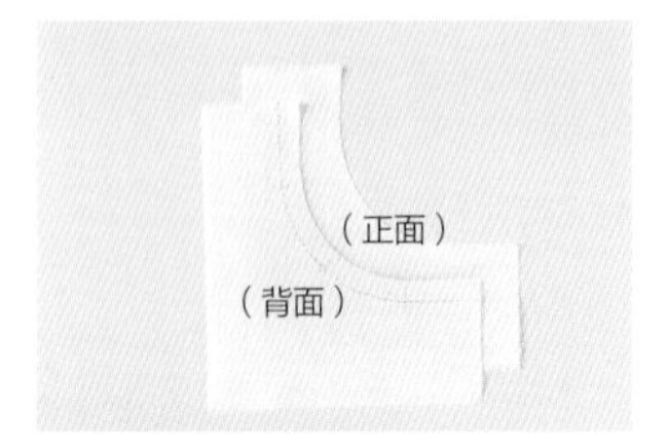

1. 将两片布正面相对，用珠针固定，并进行疏缝。

2. 缝合曲线时，要时不时抬起压脚（保持机针落下的状态），一边调整布的方向，一边慢慢缝合。

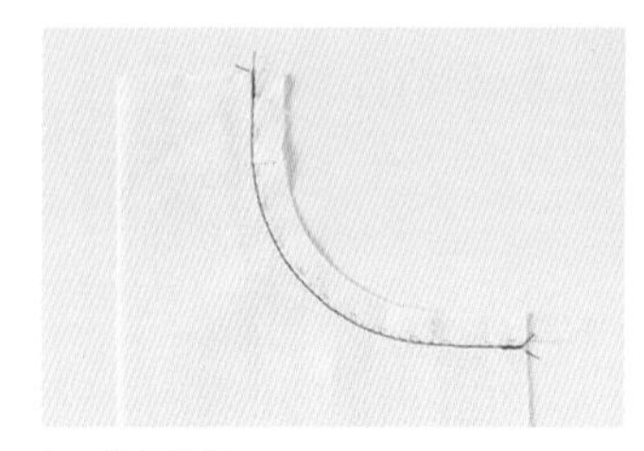

3. 缝合结束。

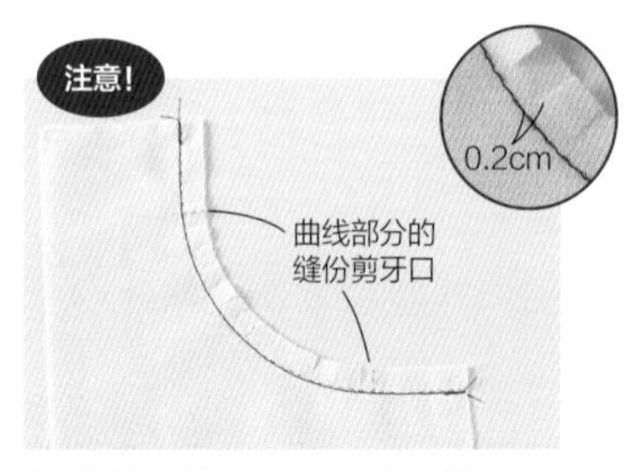

4. 缝份上剪牙口。牙口间隔约 1cm，距离完成线 0.2cm 左右。

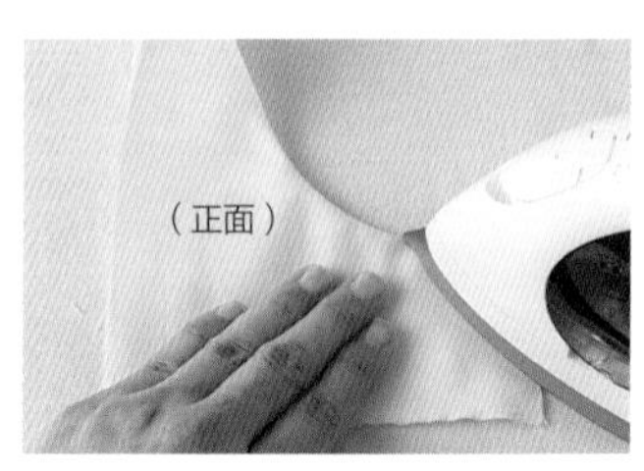

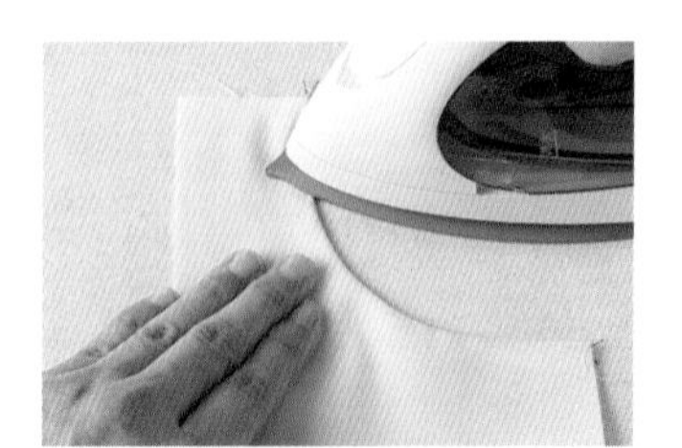

5. 翻到正面，一边调整形状一边熨烫。

（正面）

6. 完成。剪牙口能保证曲线的弧度平整。

Q. 什么时候需要剪牙口?

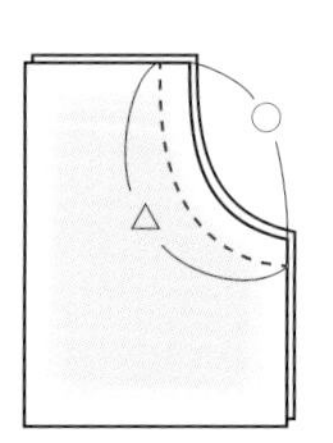

A. 当布边长度（○）比完成线（△）长度短时需要剪牙口。此时，布边长度与完成线不匹配，翻到正面时缝份会勾连。剪牙口后，布边会变长，翻到正面时不会勾连。p.55 中，凹处的角需要剪牙口，也是同理。

外曲线缝合

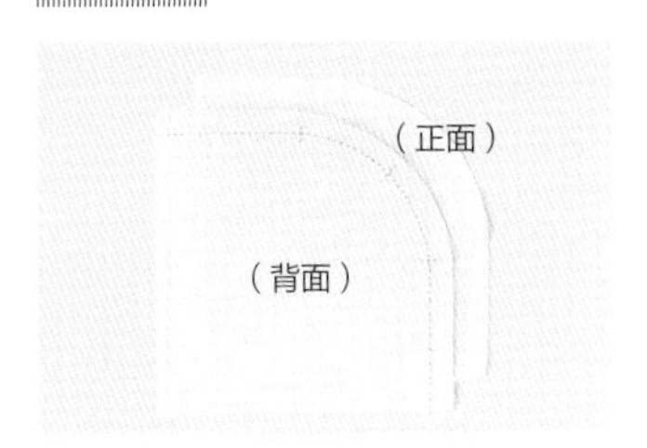

1. 将两片布正面相对，用珠针固定，并进行疏缝。

2. 缝合曲线时，要时不时抬起压脚（保持机针落下的状态），一边调整布的方向，一边慢慢缝合。

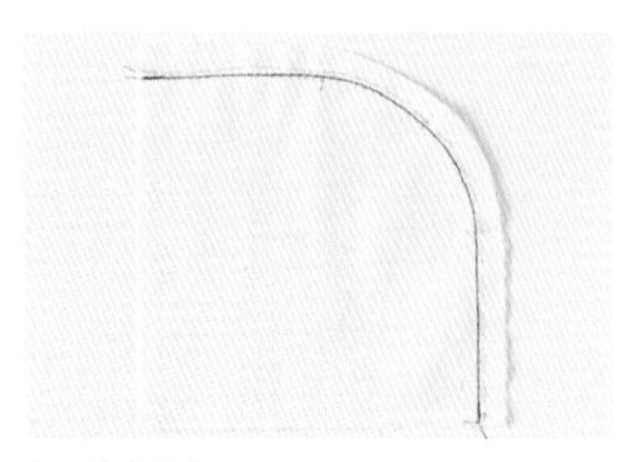

3. 缝合结束。

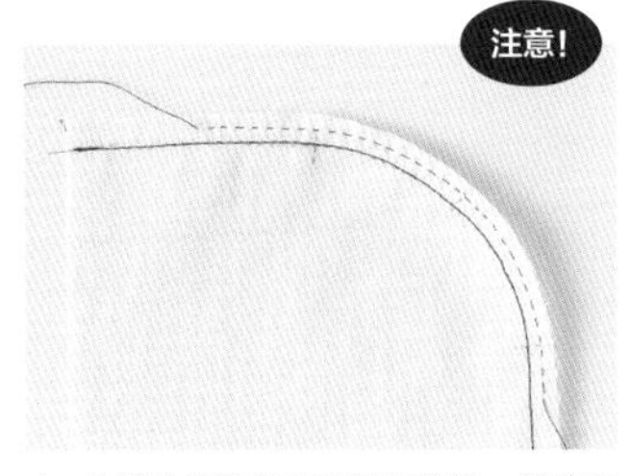

4. 曲线的缝份部分要进行缩缝。线头不打结，需要留出足够长度。

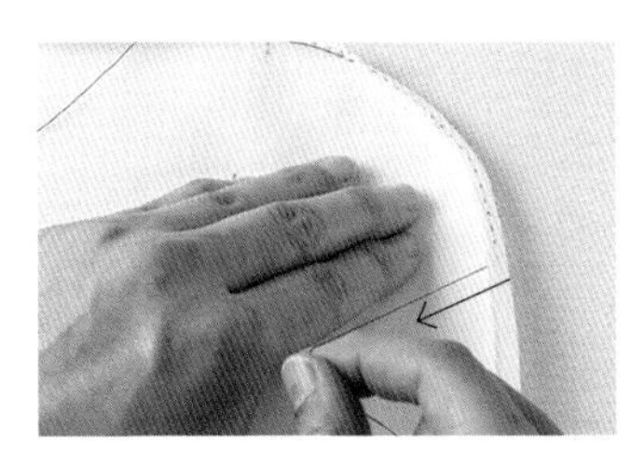

5. 拉扯两边的线头，缝份缩小。

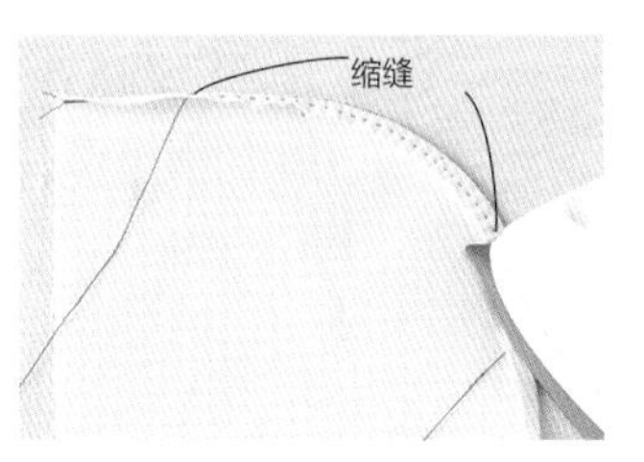

6. 缝份倒向一边，熨烫步骤 5 中是缩小后的缝份。

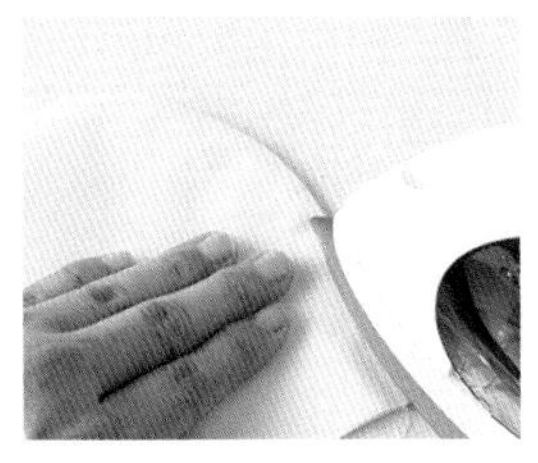

7. 翻到正面，一边调整形状一边熨烫。

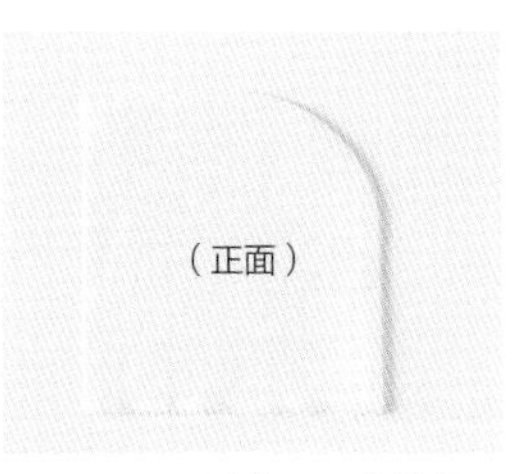

8. 完成。缩缝能保证曲线的弧度平整。

课堂 容子老师

Q. 什么时候需要缩缝？

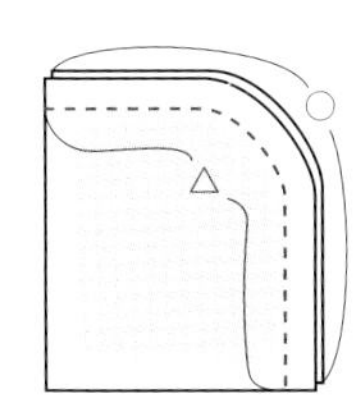

A. 当外曲线长度（○）比完成线（△）长度长时需要缩缝。如果不缩缝就翻到正面，缝份会累积。缩缝后，减小了外曲线长度，翻到正面时缝份分到内侧则不会松弛。

内外曲线混合缝

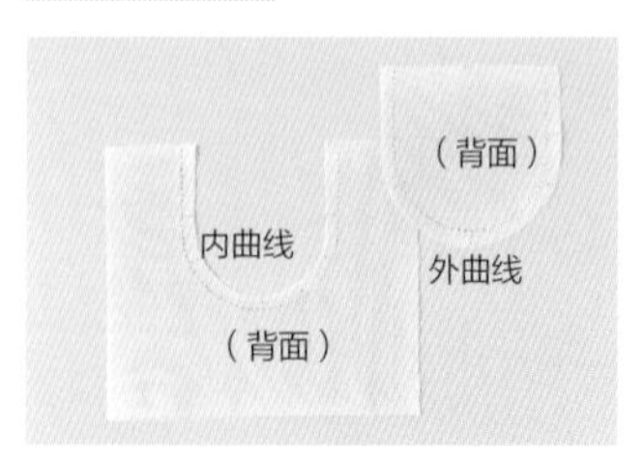

1. 画合印。

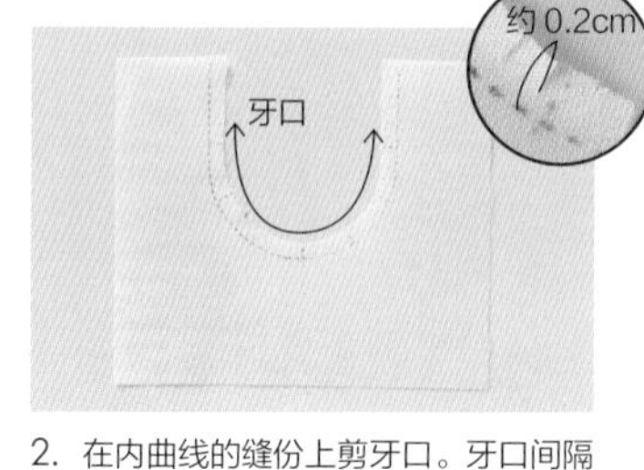

2. 在内曲线的缝份上剪牙口。牙口间隔约 1cm，距离完成线 0.2cm 左右。

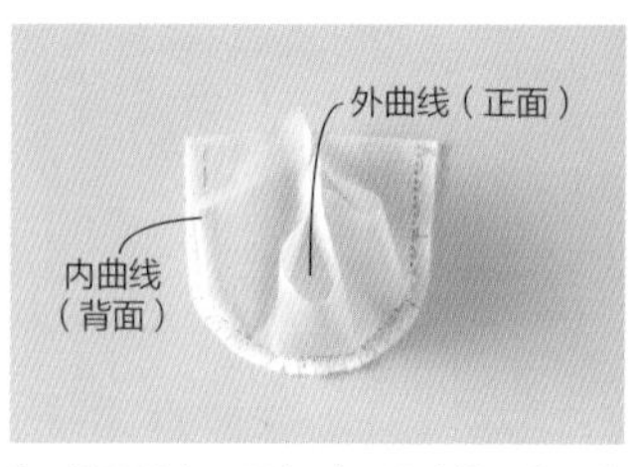

3. 将两片布正面相对，用珠针固定，并进行疏缝。有牙口的内曲线布放在上方，进行缝合。

4. 从一端开始，慢慢进行缝合。

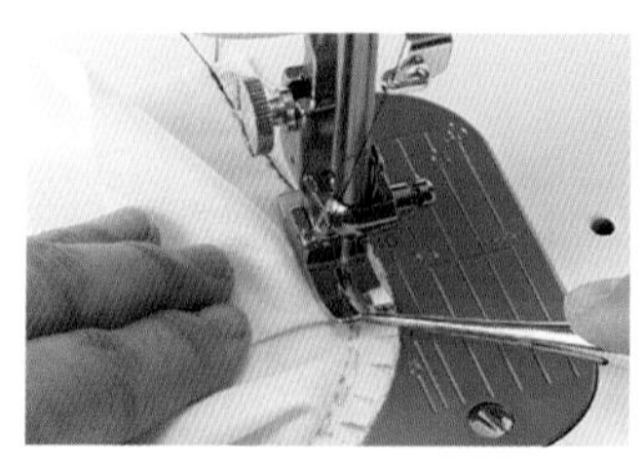

5. 缝合曲线时，用锥子压住布，看着完成线进行缝合。

6. 时不时抬起压脚，一边调整布的方向，一边慢慢缝合。

在缝合有难度的地方时，事先疏缝、使用锥子、看着完成线缝合，是使缝合顺利进行的三个诀窍。

7. 缝合结束时，熨烫缝份。缝份倒向可以根据具体设计而定。

8. 完成。

立体缝合

直线

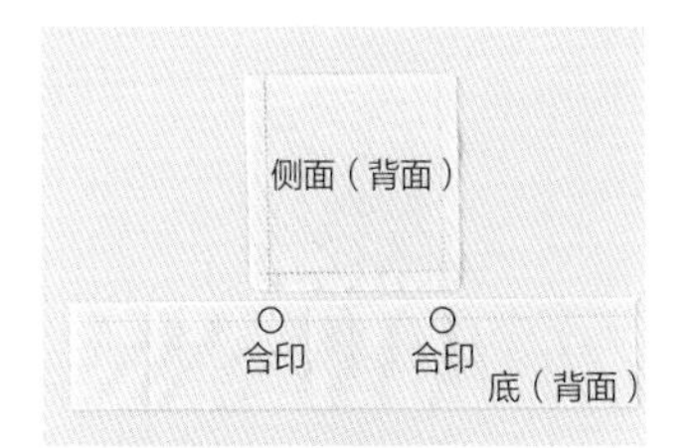

1. 将侧面的直角与底的合印对齐固定。

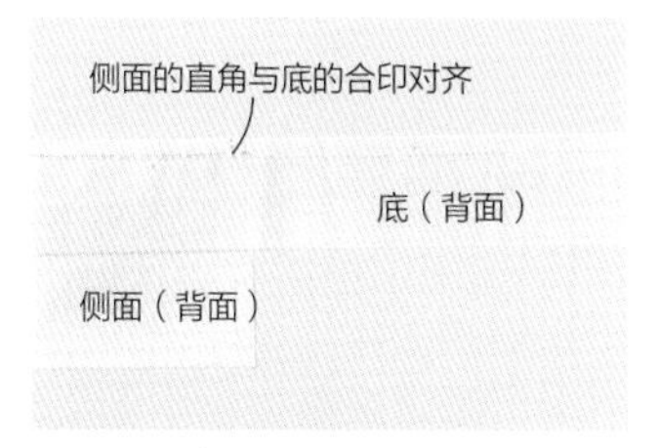

2. 将两片布正面相对，从端点到角用珠针固定，并先疏缝一条边。

3. 底放在上方，缝合端点到角的合印。

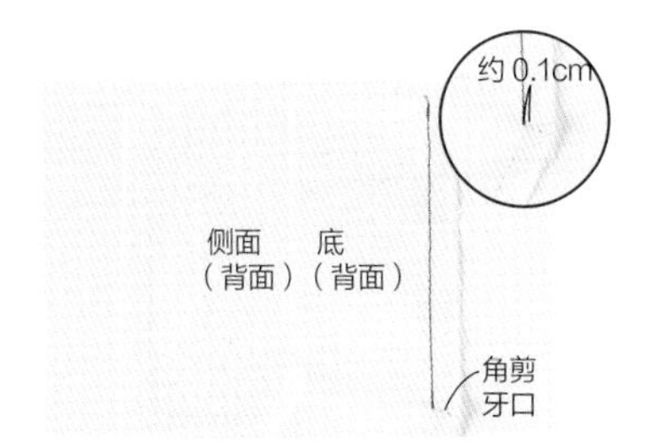

4. 底部直角剪牙口，剪到距离缝合线 0.1cm。

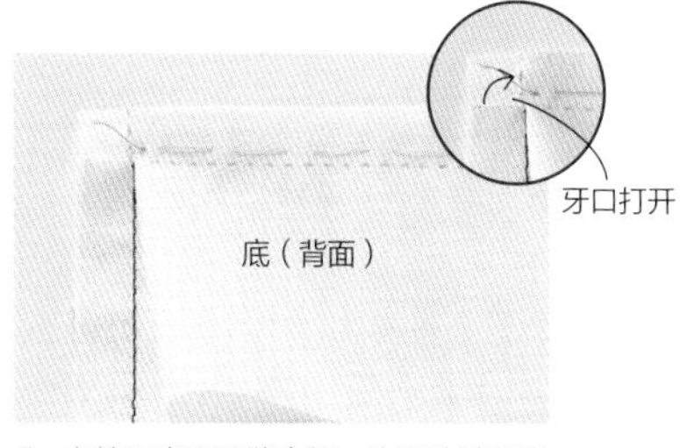

5. 在接下来需要缝合的一边用珠针固定并进行疏缝。因为步骤 4 中的牙口会打开（如圆形图所示），所以接下来的一边也能顺利缝合。

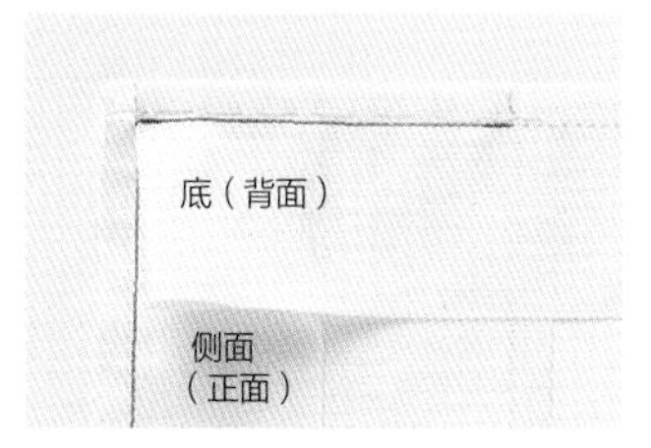

6. 直到缝合到下一个合印，和步骤 4 一样剪牙口。

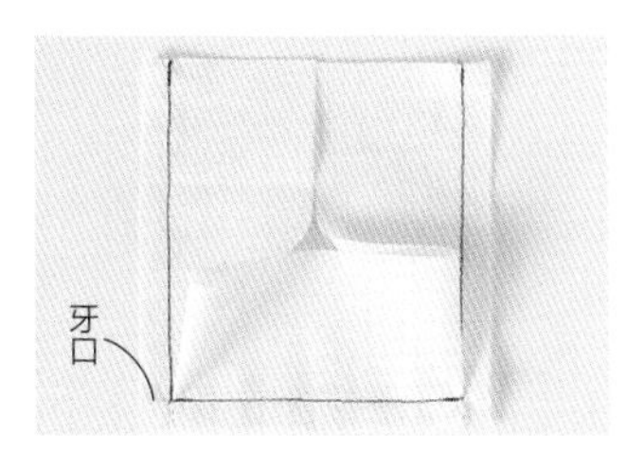

7. 与步骤 5 一样，在接下来需要缝合的一边用珠针固定并进行疏缝。再缝合一片同样的侧面布片。

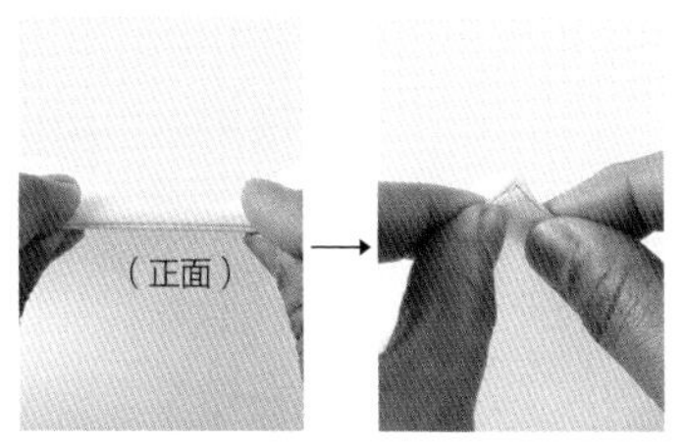

8. 翻到正面，按压针脚（如左图所示）。直角的部分如右图整理出来。立体缝合难以用熨斗熨烫，要充分利用手指来调整针脚（p.53）。

9. 完成。

直线曲线混合

1. 将两部分画上合印。

2. 将侧面正面相对，缝合边缘，形成筒状。缝份倒向两边，并用熨斗烫平。

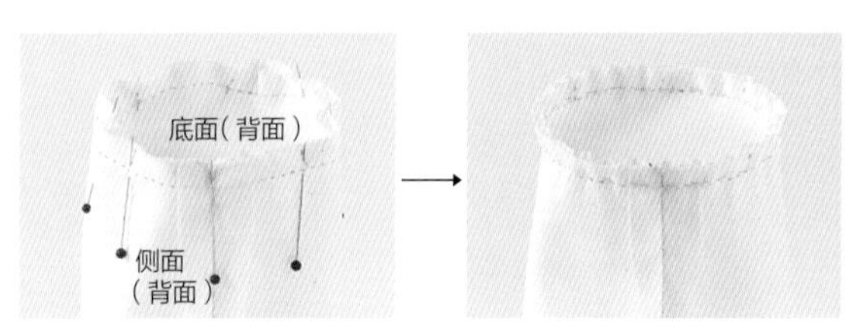

3. 将步骤 2 与底面正面针对，合印处固定珠针（如左图所示），并进行疏缝（如右图所示）。

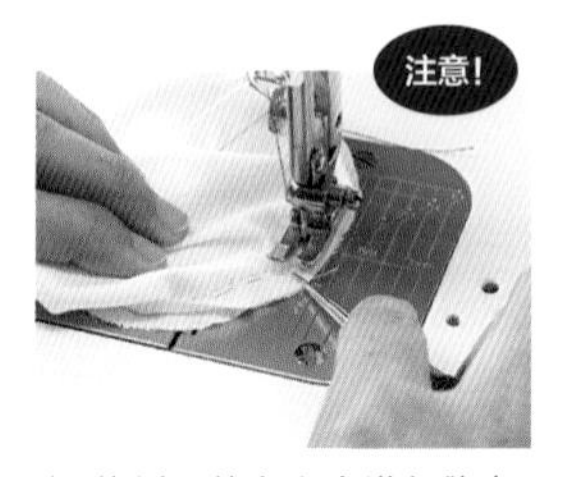

4. 将侧面放在上方进行缝合。诀窍是用锥子压住布，清晰看见完成线并沿其进行缝合。

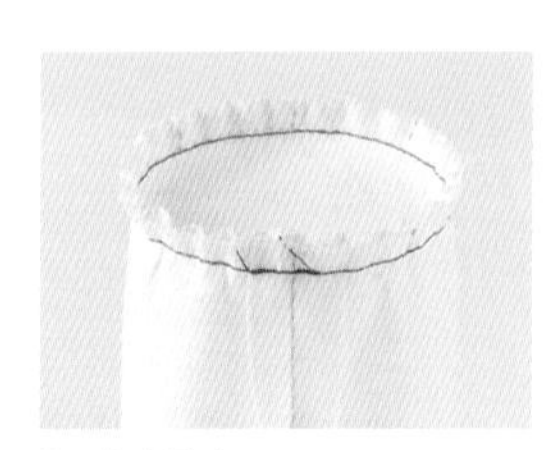

5. 完成缝合。

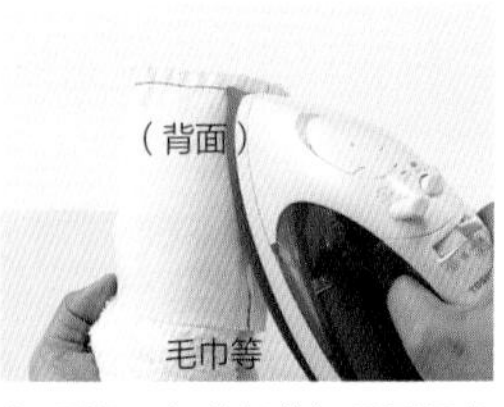

6. 熨烫。细节部位如果熨烫起来比较困难，可以塞入毛巾等垫着，起支撑作用，再进行熨烫。

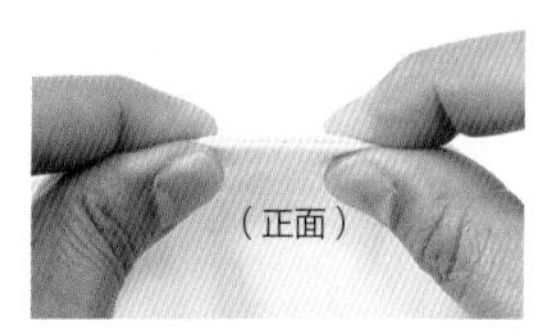

7. 翻到正面，用手指调整针脚。

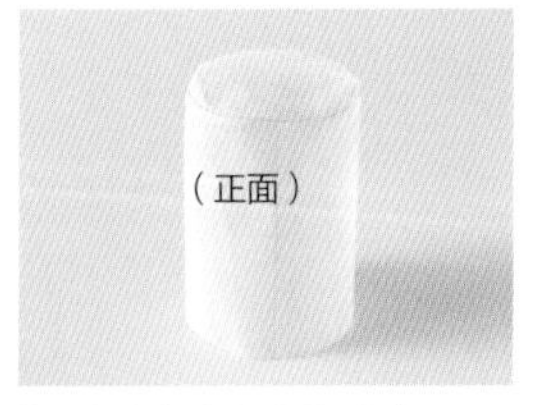

8. 完成（从底侧的视角）。

Q. 两片布进行立体缝合时，哪片布放在上方？

A. 比较两片布布边的长度，短的那片放在上方。布边如果较短，剪牙口的情况较多，将这片布放在下方，则不方便缝合。缝合结束后剪牙口的情况也有，所以要记得将“有牙口的布放在上面”。除了立体缝合以外，缩缝或打褶时也要注意，褶要放在上方进行缝合。

折缝

※ 折缝是沿着画出的斜线纸样，由高向低折叠。

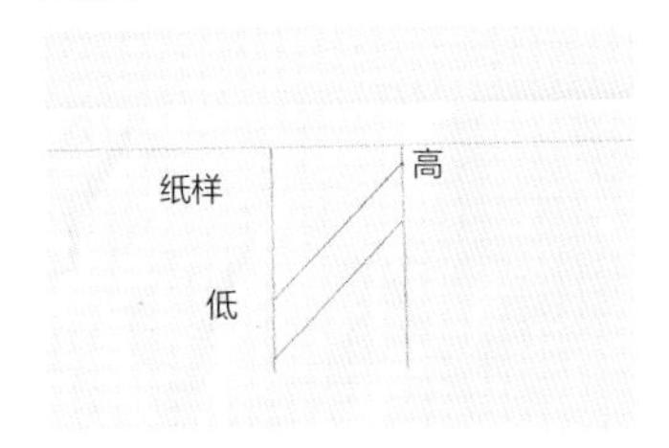

1. 右上叠布的情况。

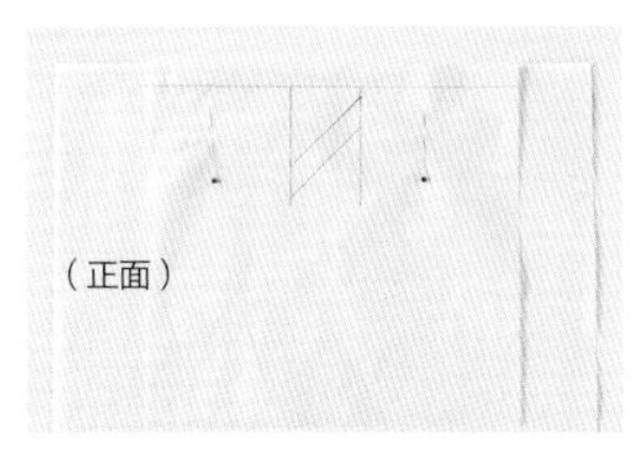

2. 将纸样放在布的正面，用珠针固定。

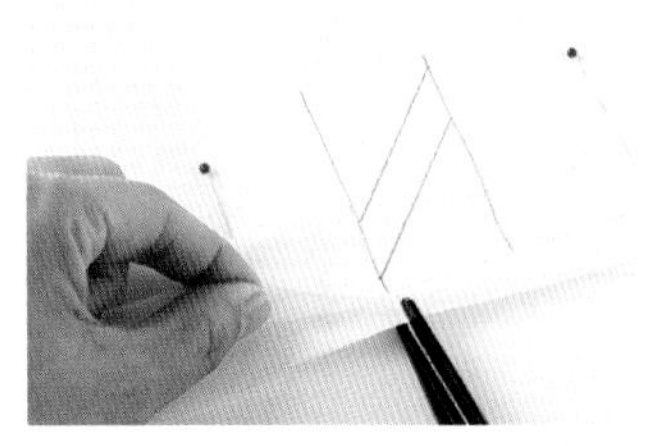

3. 褶的位置如果正面有记号会很方便。背面也一样，折叠时可以剪一个合印的牙口。

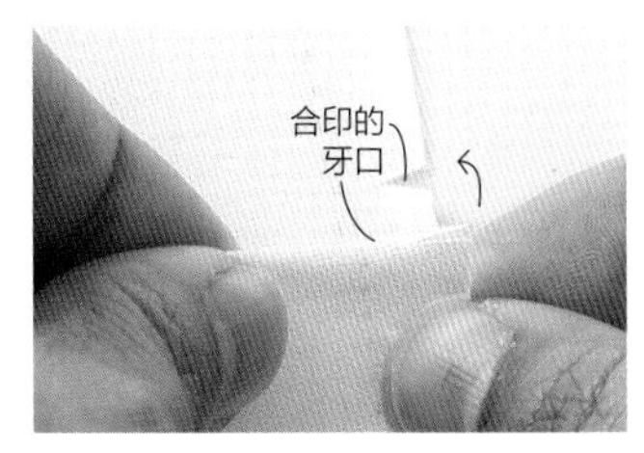

4. 取下纸样，折叠合印，与另一边的合印对齐。

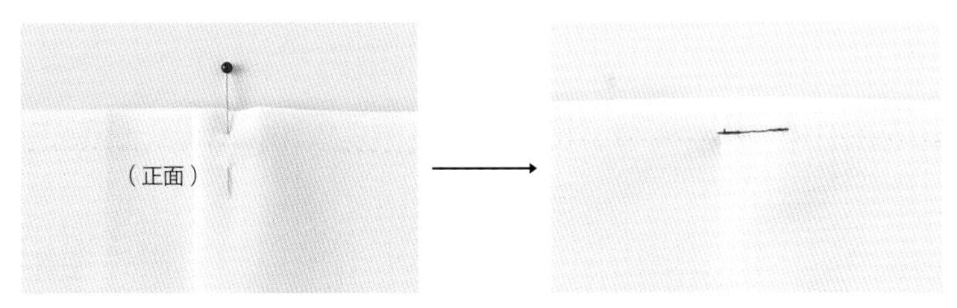

5. 用珠针固定（如左图所示），在完成线附近稍外侧进行临时固定缝合（如右图所示）。纸样宽度的一半是实际褶的宽度。

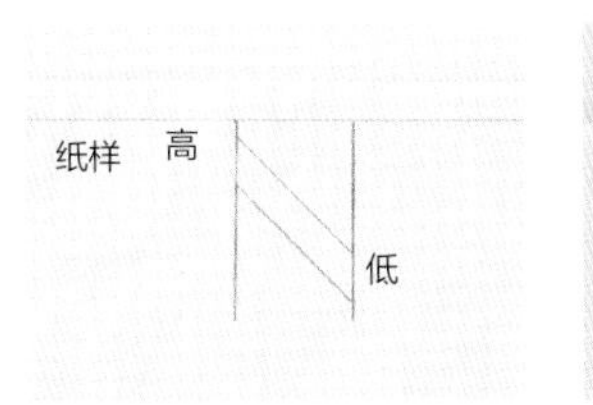

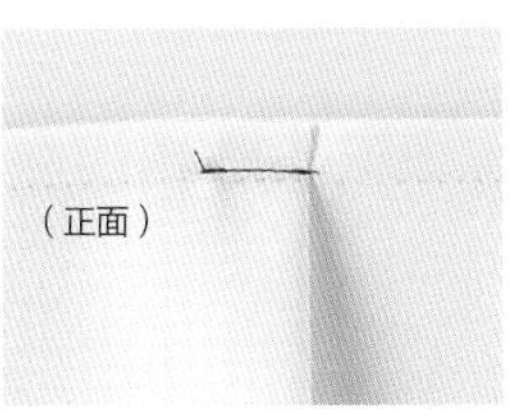

左上叠布的情况。

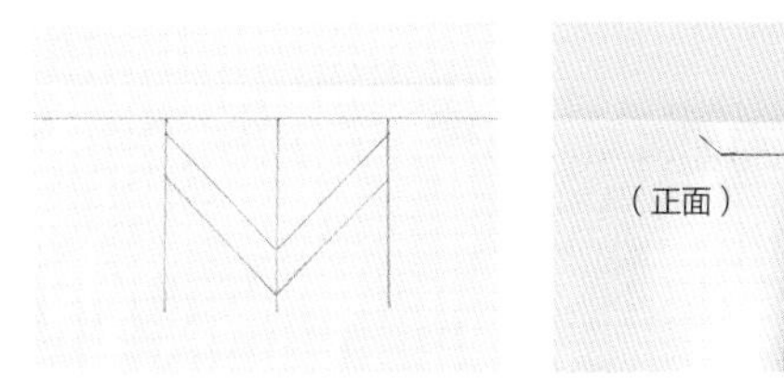

如左图所示的斜线呈现相对方向时，由两侧朝中间叠布。

缩缝

1. 每个褶宽度相同，所以需要等分画合印。

2. 缩缝之后就看不见合印了，因此合印位置用疏缝线纵向大致缝合，方便看清楚合印位置。

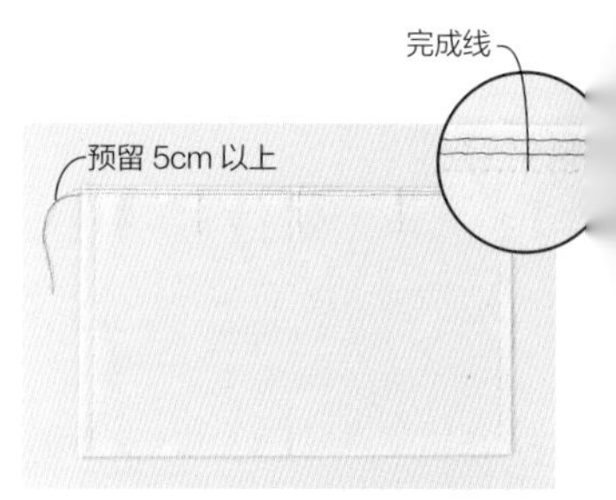

3. 用双股线大针距（如圆形图所示）缝合缝份。开始和结束时无须回针，两端各留出 5cm 以上线头。用双股线而非单股线进行缝合，是形成美观褶皱的关键。

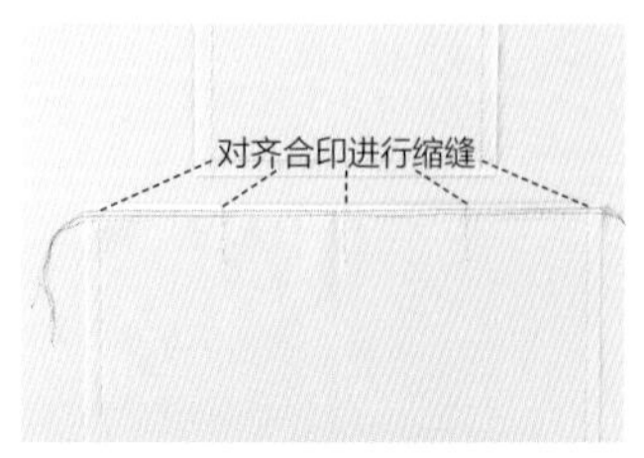

4. 在底布上也需要等分画合印。两片布的合印要相同，进行缩缝。

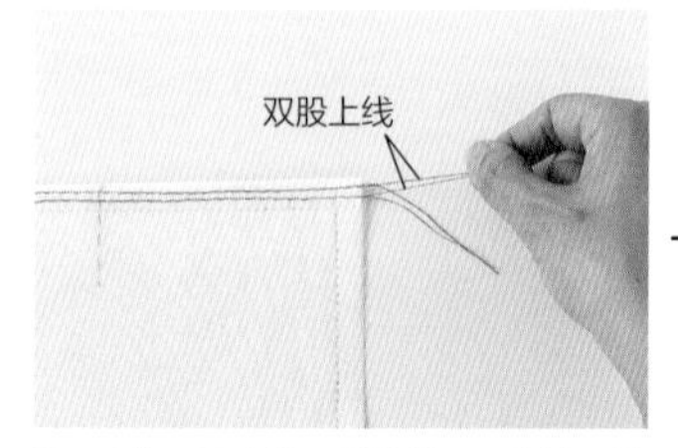

5. 手持双股上线，并拉线。一边拉一边用另一只手将布朝中间慢慢挪动。

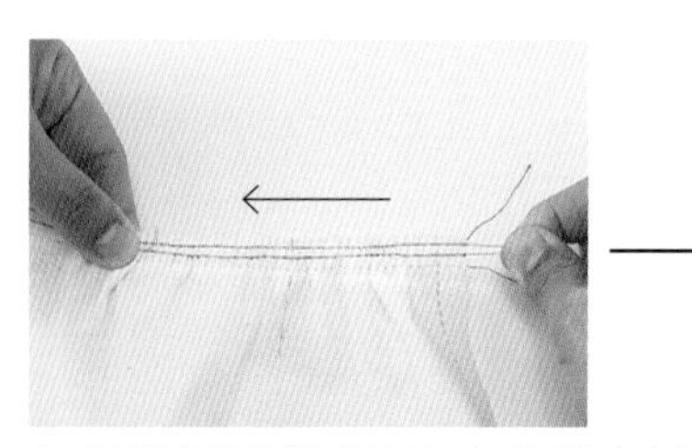

6. 拉到中间的褶（如左图所示），然后换个方向继续朝中间拉褶（如右图所示）。

7. 与上方的布对齐合印，调整褶。

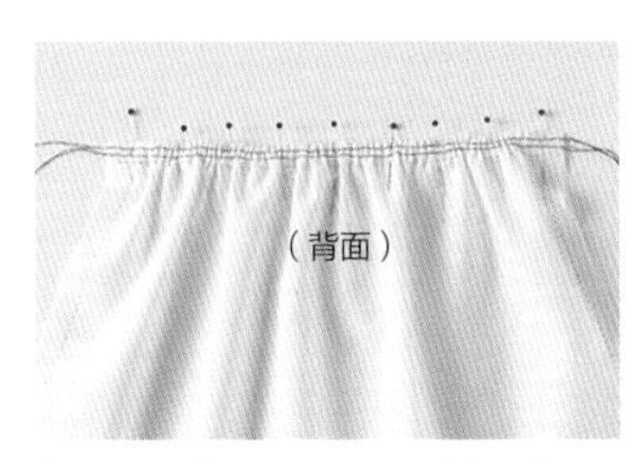

8. 将两片布正面相对，用珠针固定。

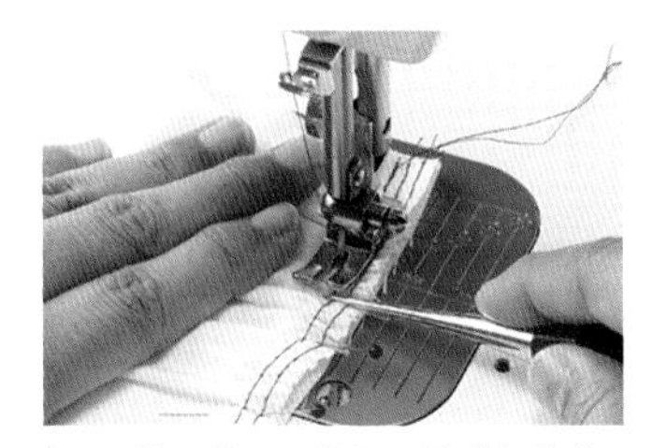

9. 一边用锥子压住褶一边进行缝合。用锥子使得布不因有褶而歪斜，需要看着完成线缝合。

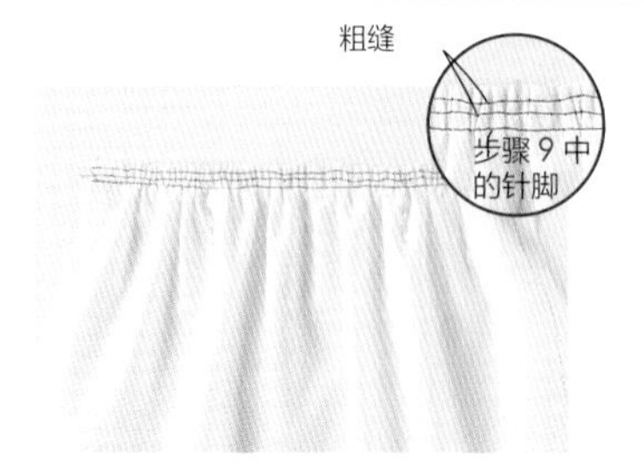

10. 缝合结束，可以抽掉缩缝的线。

11. 用熨斗熨平缝份。

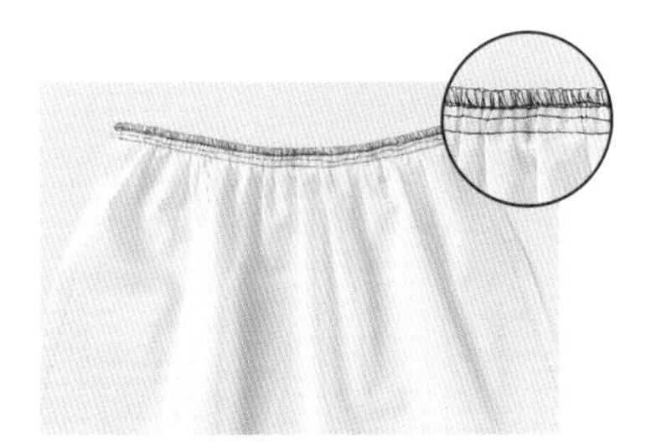

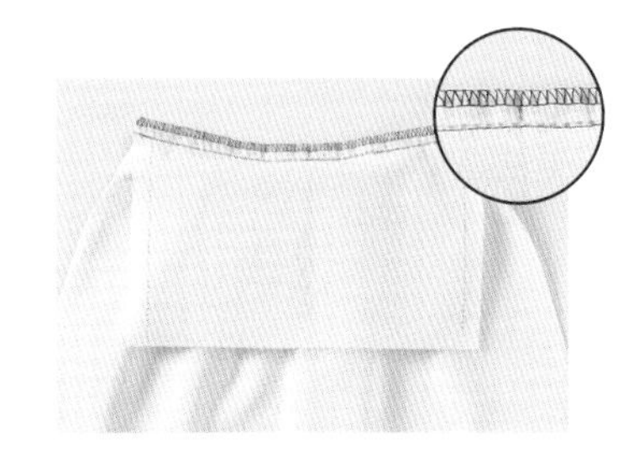

12. 将两片布一起机缝锁边。右图是背面。

注意褶两端的位置！

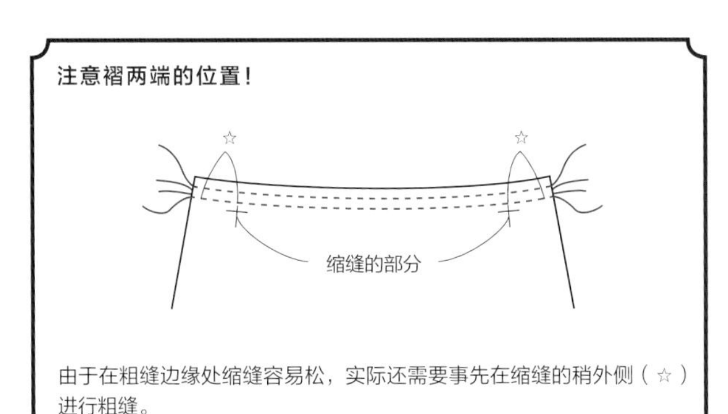

由于在粗缝边缘处缩缝容易松，实际还需要事先在缩缝的稍外侧（☆）进行粗缝。

难以缩缝的布

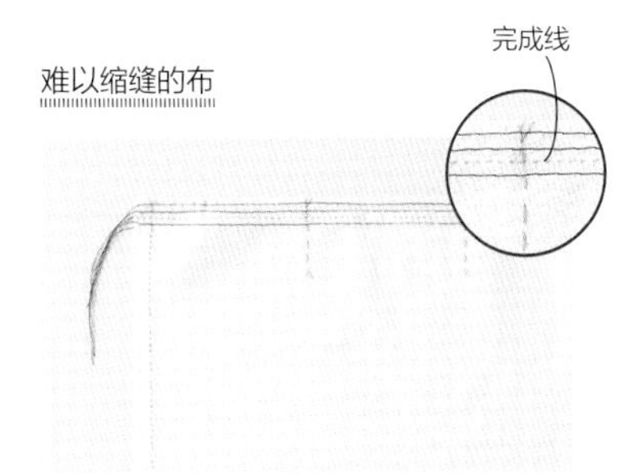

厚布或难以缩缝的布，在完成线下方也要进行粗缝（共进行 3 次），有助于缝制出美观的褶。只是，完成线下方的粗缝线之后需要抽出，所以如果会留下明显线孔痕迹的布不要使用这种方法。

打褶

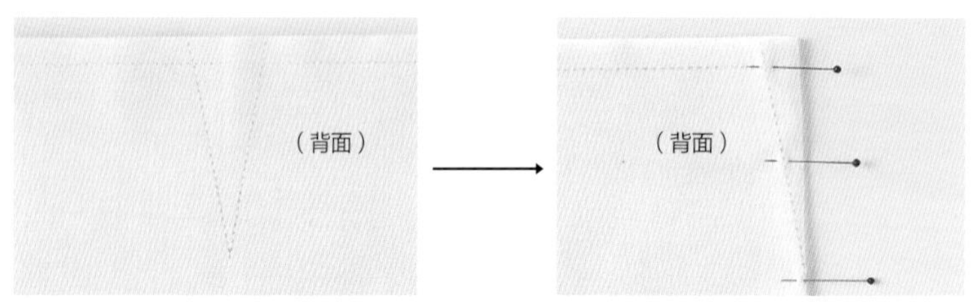

1. 将V字形部分纵向平分，正面相对对折，对齐褶的完成线并用珠针固定。

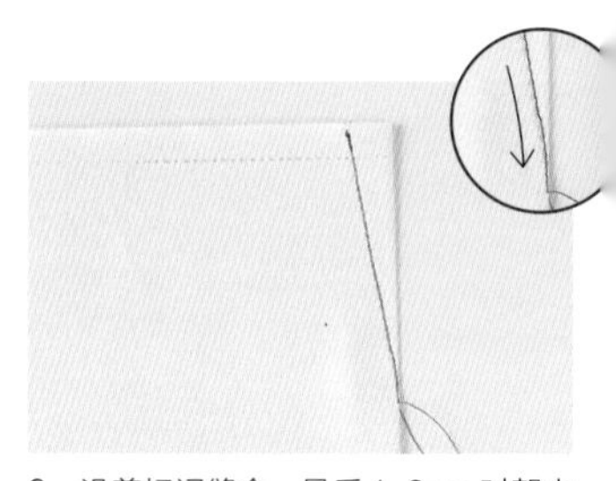

2. 沿着标记缝合，最后1~2cm时朝内侧弧形缝合过渡收尾（如圆形图所示）。结束时无须倒针缝。

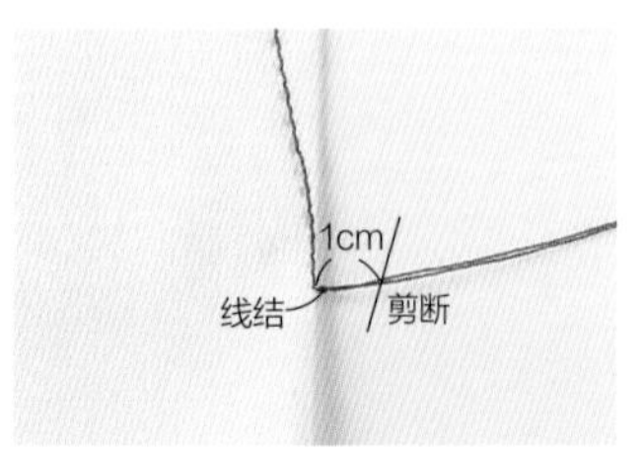

3. 将双股线在布边缘打结，留1cm剪断。

4. 正面的状态。步骤2中自然过渡缝合收尾的地方形成一个完美的褶。

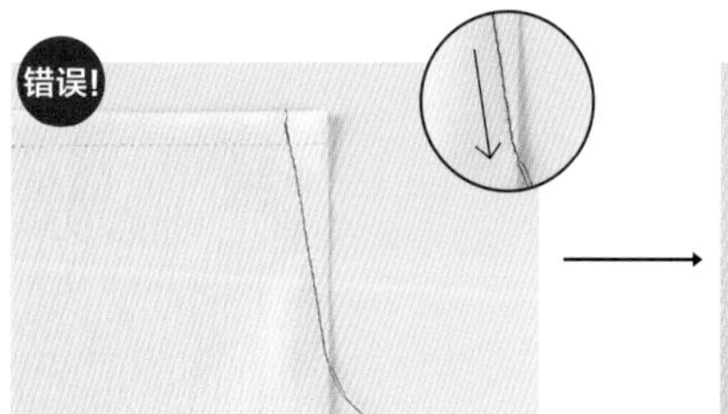

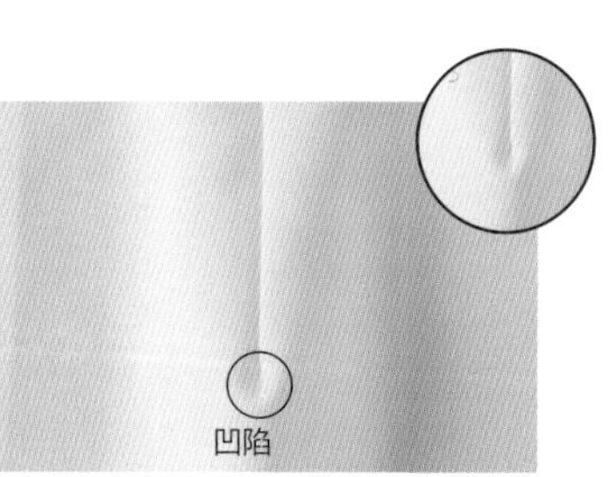

如果没有自然过渡收尾，就会如右图所示出现凹陷。

Q. **工作台上全都是线头。**

A. 准备一个容器专门放置制作过程中出现的线头等垃圾。小型桌面垃圾箱也可以，如图所示在缝纫机上用胶带固定一个小塑料袋也可以，只要用起来方便顺手，都值得推荐。

抓角

三角抓角（一片布沿底边对折的情况）

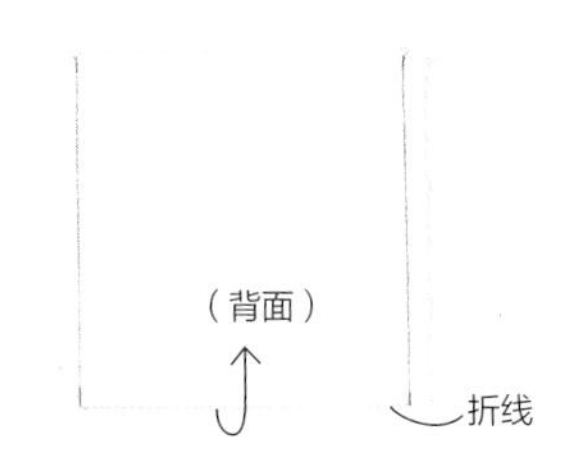

1. 将布正面相对沿底边对折，缝合侧边。缝份倒向两侧并熨烫。

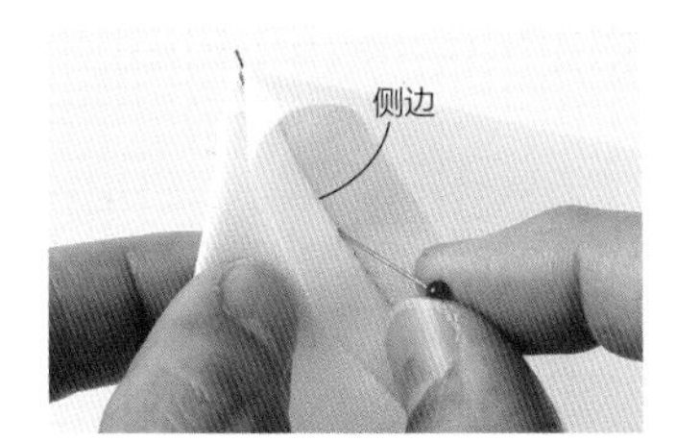

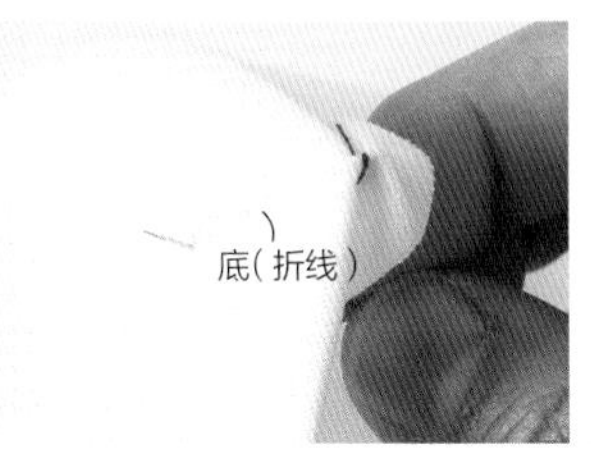

2. 在底的两端抓三角形的角。此时，侧边线迹（如左图所示）与折叠后的底边的折线（如右图所示）对齐，并用珠针固定。

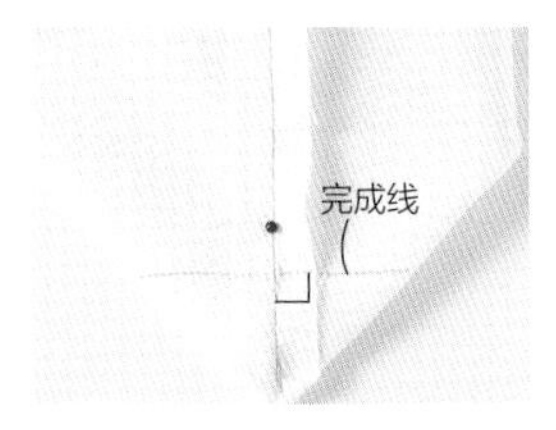

3. 侧边与线迹垂直，根据需要的尺寸画出底部完成线。

4. 沿完成线缝合。

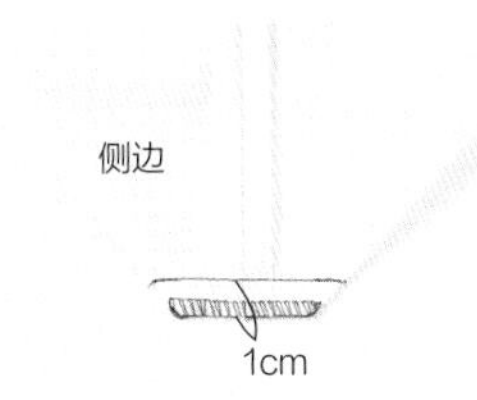

5. 在距完成线 1cm 的位置剪开，对布边进行机缝锁边。

三角抓角（两片布缝合的情况）

1. 将两片布正面相对，缝合侧边和底边。缝份倒向两侧并熨烫。

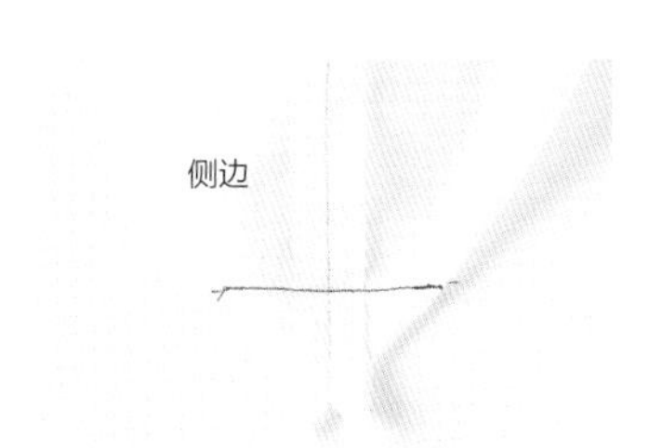

2. 与上述步骤 2~4 相同进行缝合。此时，侧边与底边的线迹对齐。

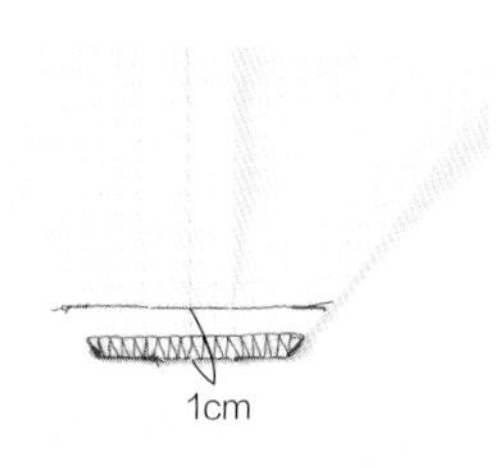

3. 与上述步骤 5 相同，在距完成线 1cm 的位置剪开，对布边进行机缝锁边。

三角抓角（已剪裁直角的情况）

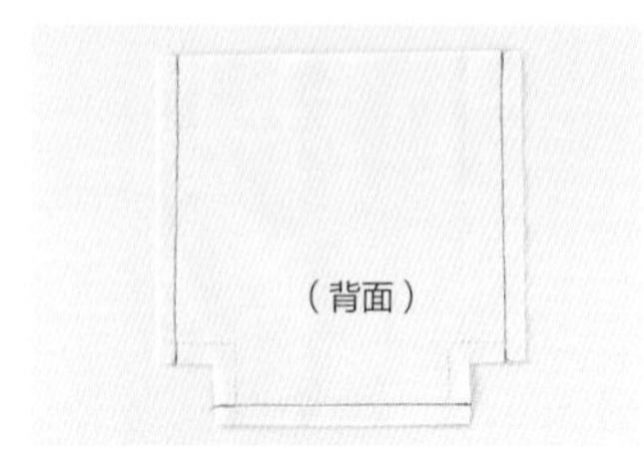

1. 将两片布正面相对，缝合侧边和底边。缝份倒向两侧并熨烫。

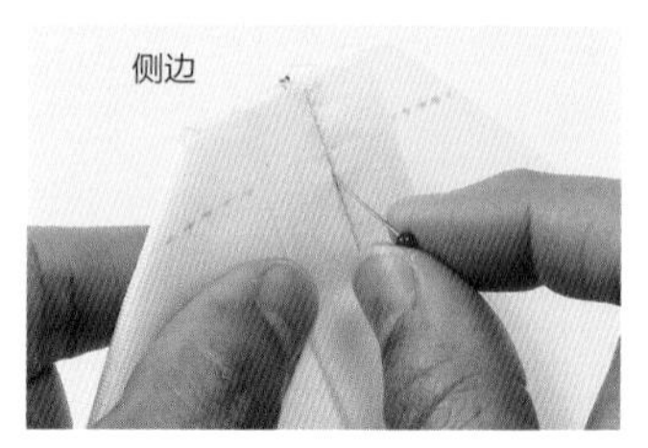

2. 将侧边和底边的线迹对齐，从两侧确认并用珠针固定。

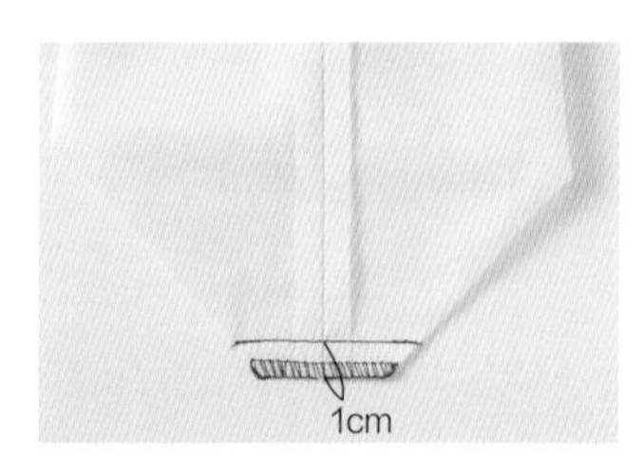

3. 与 p.69 的步骤 5 相同，沿完成线缝合，并在布边进行机缝锁边。

抓角的部分，有先缝合再剪裁的方法（p.69），也有先剪裁再缝合的方法，无论哪种方法，效果相同，均如上图所示。

制作喜欢的尺寸的包包的方法

按照 p.69、p.70 制作有底的包包时，可以参照下图计算尺寸。

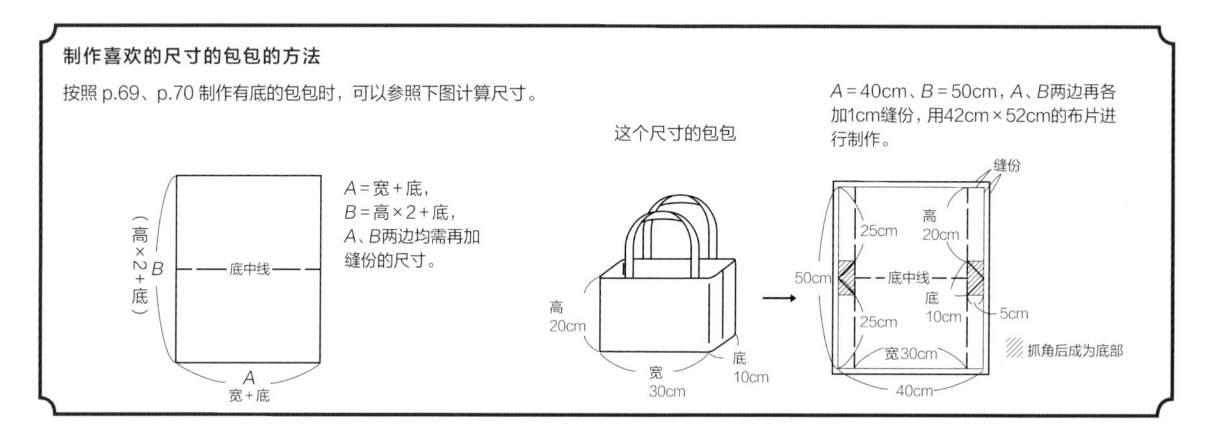

屏风折叠缝合方法

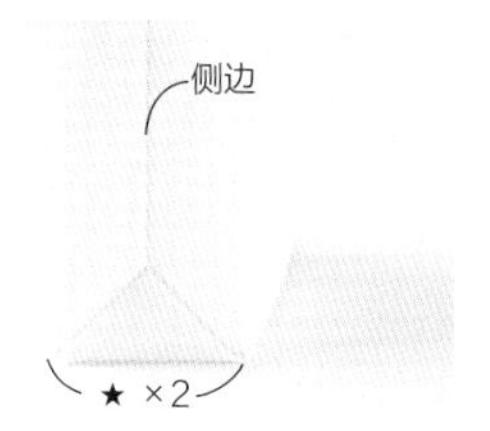

底部像屏风那样折叠，再缝合侧边的制作方法。

对折缝合方法

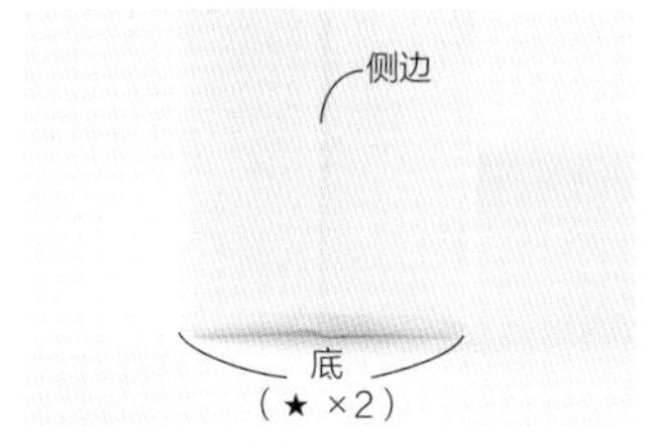

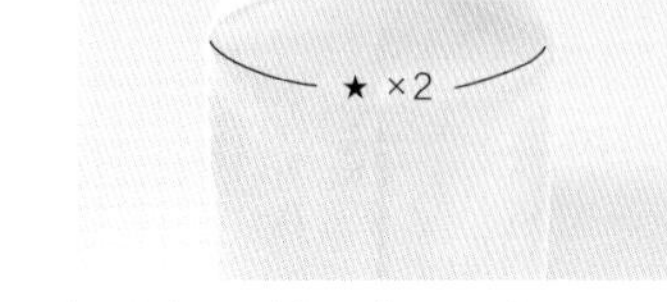

底部折叠之后缝合侧边的制作方法。因为底部可以压扁，作为环保购物袋使用十分方便。

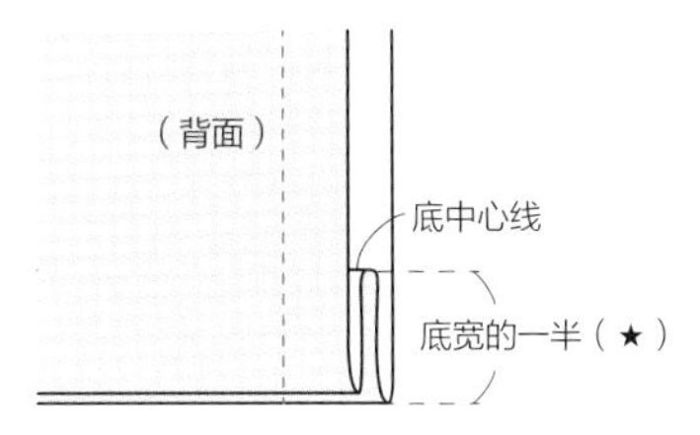

屏风折叠方法

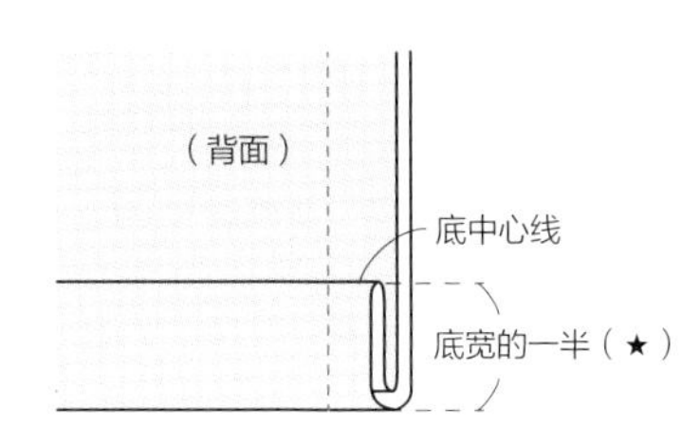

对折方法

用另外的布片作为底的缝合方法

用另外的布片作为底固定到包包上，用 p.63 的“立体缝合直线”的方法将包身与底缝合。侧边是另外的布（如左图所示），或者侧边和底均是另外的布（如右图所示），在相应的位置剪牙口，将有牙口的布置于上方进行缝合。

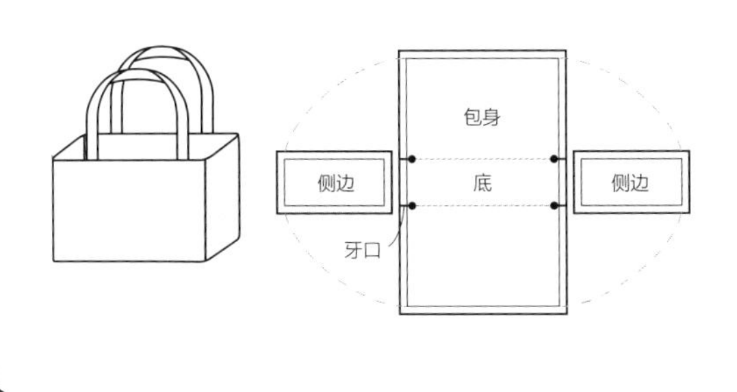

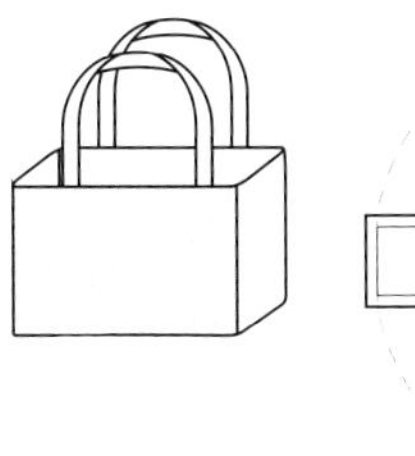

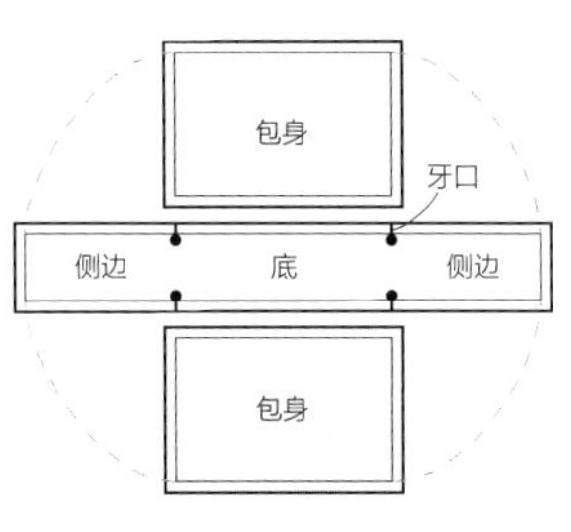

3. 安装拉链

要点是压脚的使用方法和拉链头的开合等。黏合带粘贴的位置也很重要。

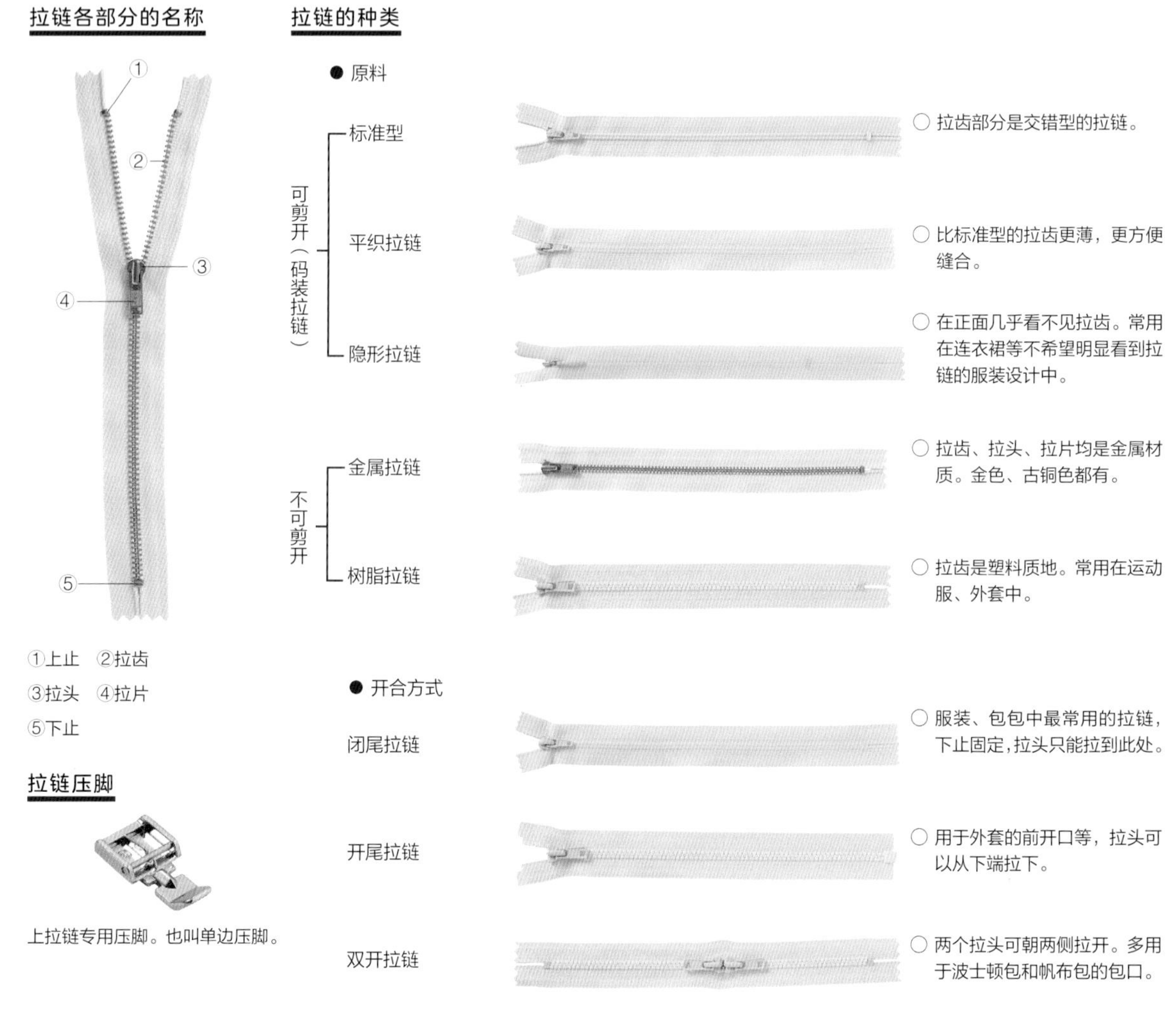

拉链各部分的名称

①上止　②拉齿

③拉头　④拉片

⑤下止

拉链压脚

上拉链专用压脚。也叫单边压脚。

※ p.73 中介绍的上拉链步骤中使用的是专业缝纫机，和这个压脚形状不一样。

拉链的种类

● 原料

可剪开（码装拉链）

- 标准型　○ 拉齿部分是交错型的拉链。
- 平织拉链　○ 比标准型的拉齿更薄，更方便缝合。
- 隐形拉链　○ 在正面几乎看不见拉齿。常用在连衣裙等不希望明显看到拉链的服装设计中。

不可剪开

- 金属拉链　○ 拉齿、拉头、拉片均是金属材质。金色、古铜色都有。
- 树脂拉链　○ 拉齿是塑料质地。常用在运动服、外套中。

● 开合方式

- 闭尾拉链　○ 服装、包包中最常用的拉链，下止固定，拉头只能拉到此处。
- 开尾拉链　○ 用于外套的前开口等，拉头可以从下端拉下。
- 双开拉链　○ 两个拉头可朝两侧拉开。多用于波士顿包和帆布包的包口。

包包

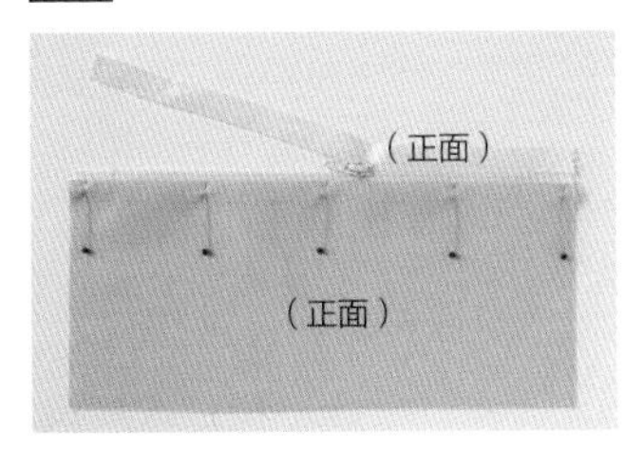

1. 折叠缝份与拉链重合，并用珠针固定。初学者可以在拉链上与布折痕重叠的位置事先用可消笔画线（如右图所示）。

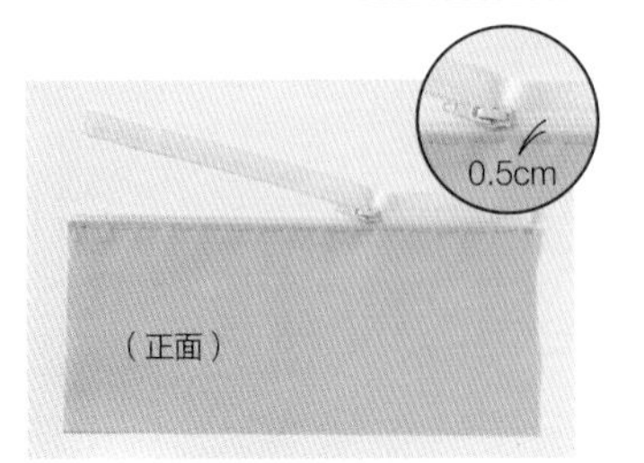

2. 进行疏缝。通常将拉链留出 1cm 的情况比较多，此时沿拉链拉齿正中间 0.5cm 的位置进行疏缝。

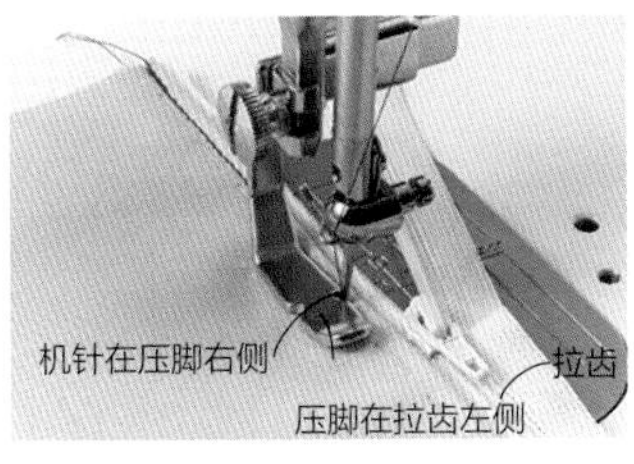

3. 换上拉链压脚，稍微拉开拉链，开始缝合。将拉齿置于压脚右侧时，要选用左侧单边拉链压脚。

4. 缝合中止时，机针保持下落状态，压脚抬起。

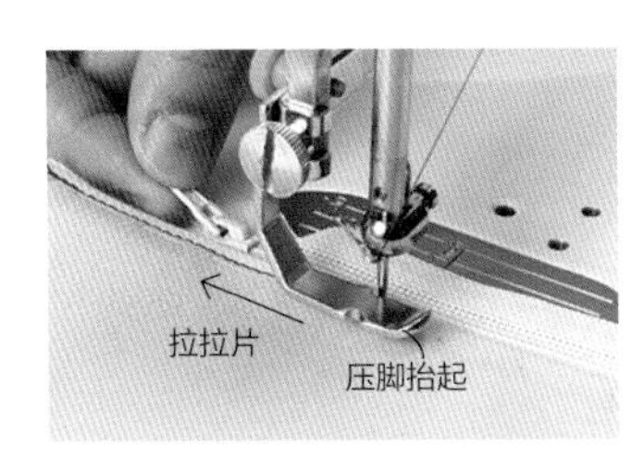

5. 拉拉片朝压脚一侧移动。将布稍微旋转一下便于移动。直到最后缝合时，拉链呈闭合状态。

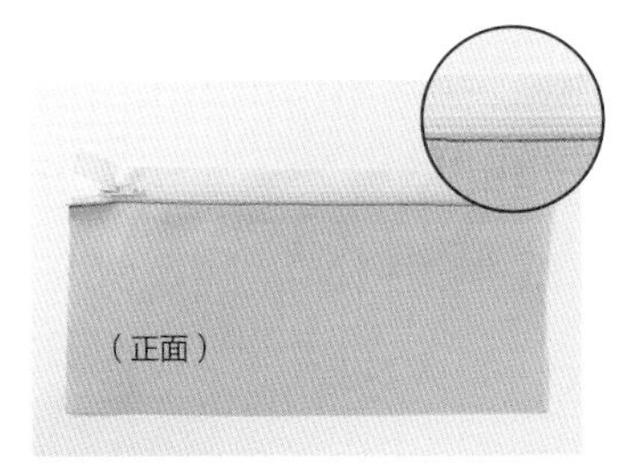

6. 缝合结束。

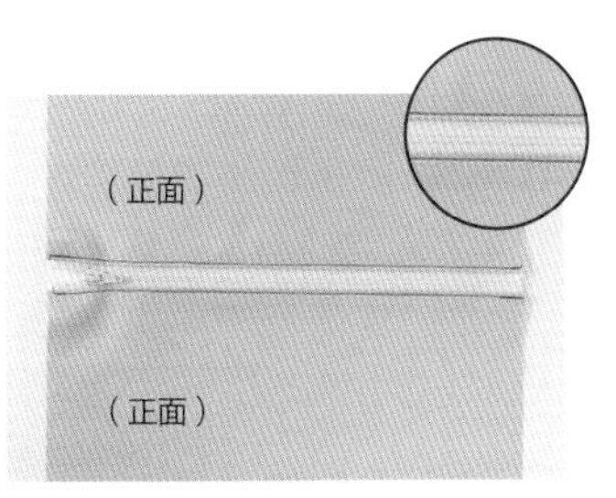

7. 另一边也是同样的方法。如果拉齿置于压脚左侧时难以缝合，换右侧单边拉链压脚。

裙子 ※这里介绍的是安装后开拉链的方法，因此在右后身布上进行安装。

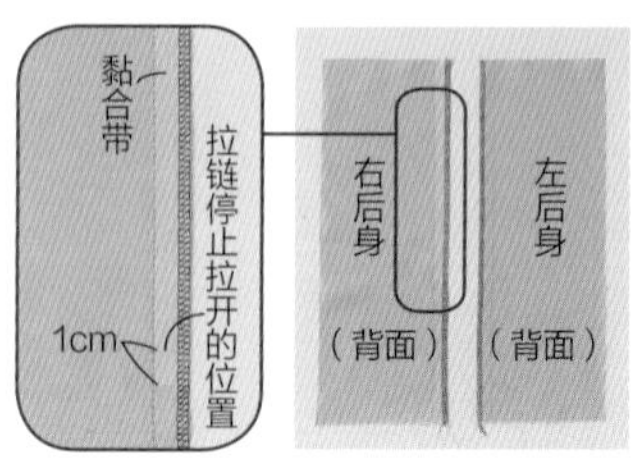

1. 在右后身的缝份上贴上黏合带（p.19）。从上往拉链停止拉开的位置以下的 1cm 处进行粘贴。两条布边用缝纫机锁边。

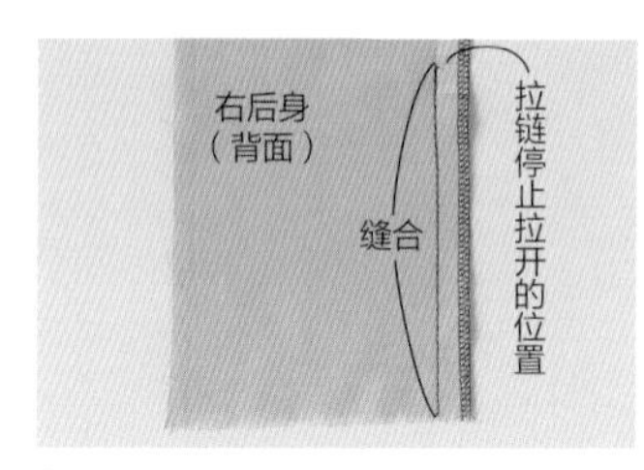

2. 将两片布正面相对，从拉链停止拉开的位置往下进行缝合。

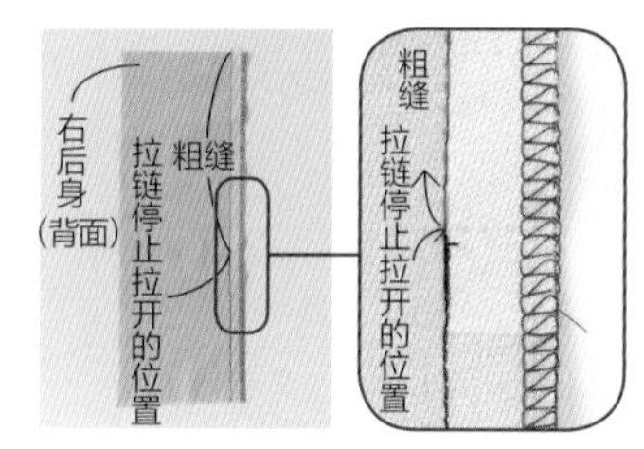

3. 在拉链停止拉开的位置上方进行粗缝。由于此处之后会拆，所以针距较大，用手缝疏缝也可以。

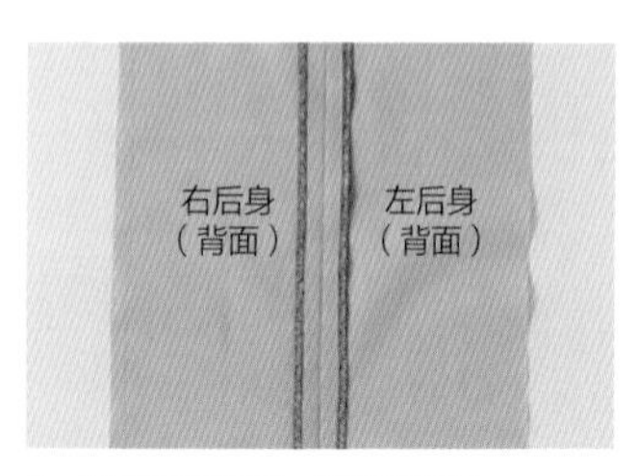

4. 缝份倒向两侧，并进行熨烫。

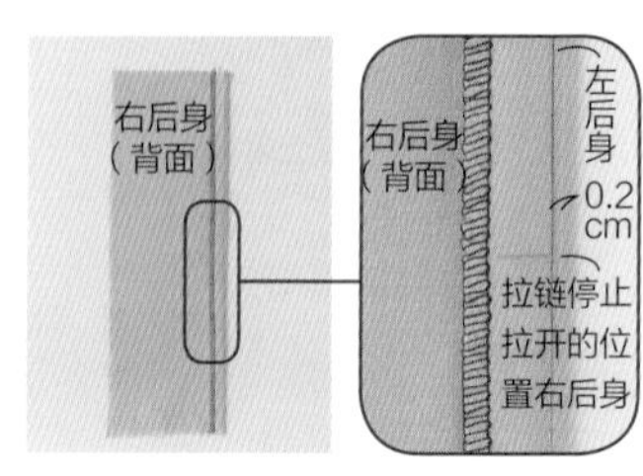

5. 左后身留 0.2cm 缝份折叠。

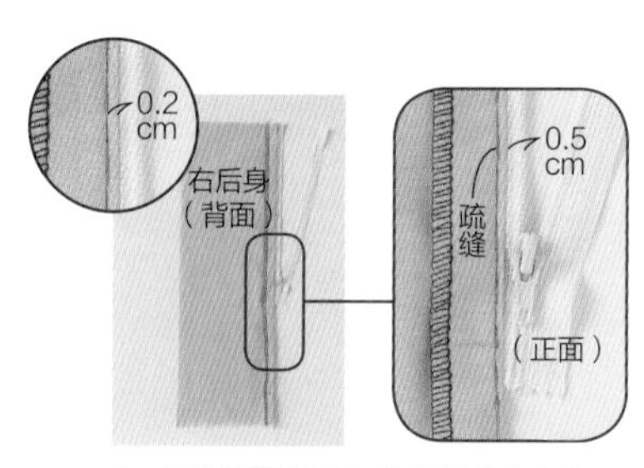

6. 将拉链置于下方，将步骤 5 中 0.2cm 折叠部分的针脚疏缝固定（如右图所示）。

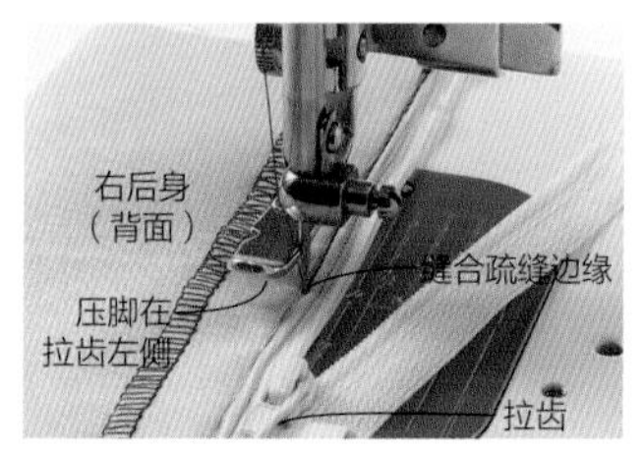

7. 换上左侧单边拉链压脚。拉开拉链，沿着疏缝线右侧边缘进行缝合。

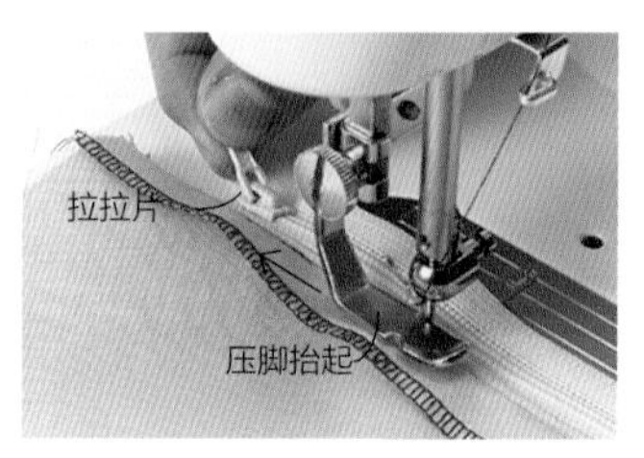

8. 缝纫中止时，机针保持下落状态，压脚抬起，朝拉头的一侧移动（同 p.73 步骤 5）。

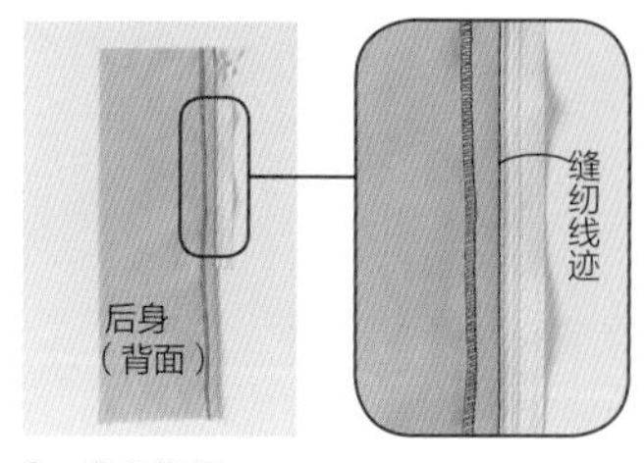

9. 缝合结束。

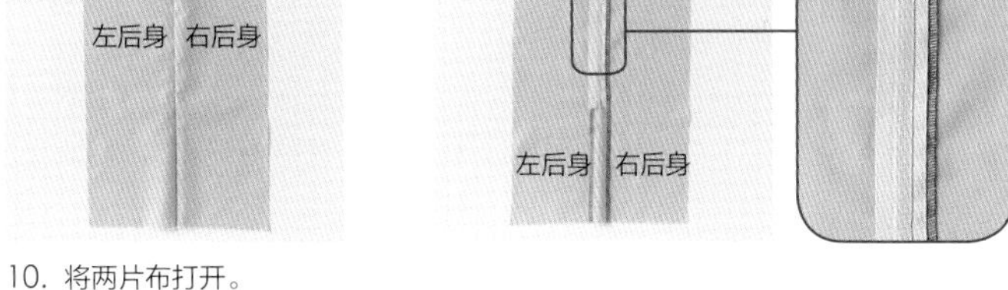

10. 将两片布打开。

11. 翻到正面，在右后身从拉链停止拉开的位置下方往上继续进行疏缝。

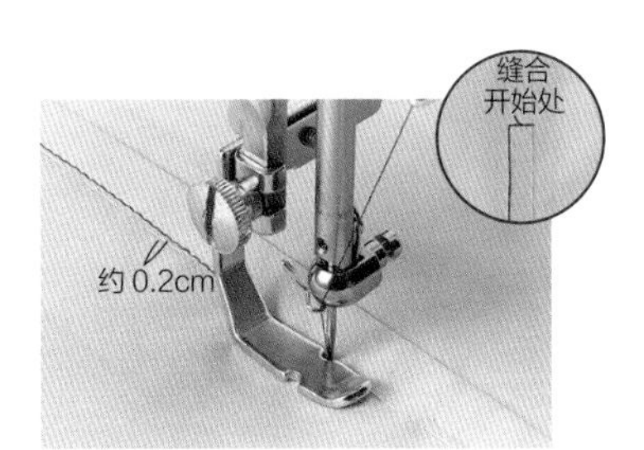

12. 在缝合开始处倒针，从距疏缝线约 0.2cm 的位置缝合拉链一边。

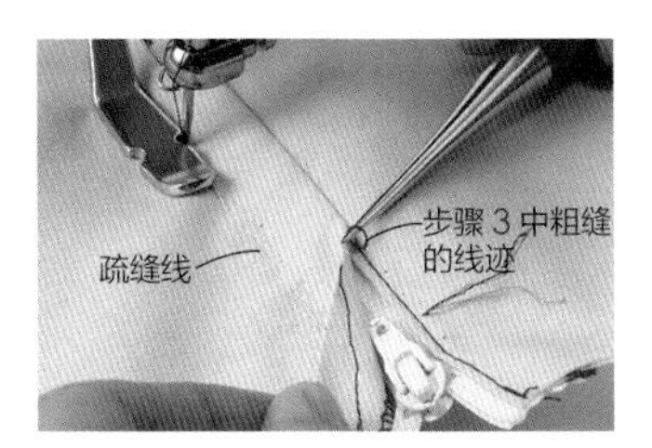

13. 在缝合过程中，拉头的位置朝下，所以步骤 3 中粗缝的线迹可在这一过程中进行拆除。

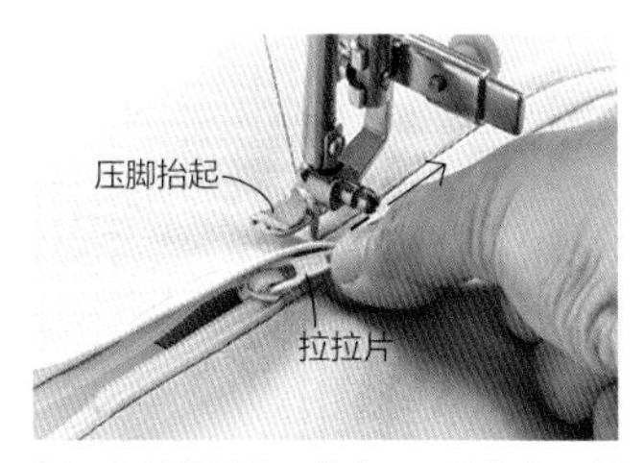

14. 机针保持落下状态，压脚抬起，朝拉头的一侧移动。

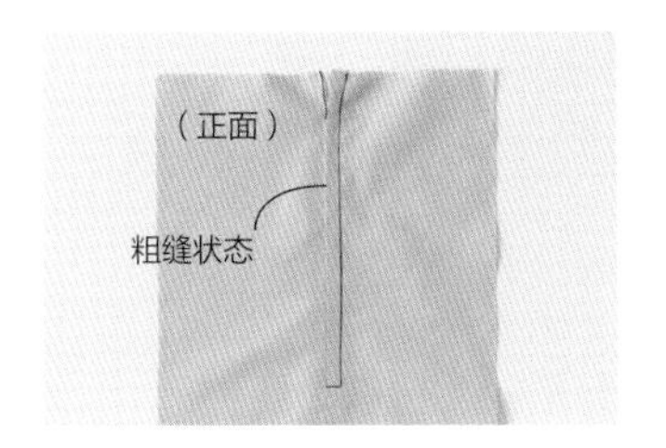

15. 朝上完成缝合。

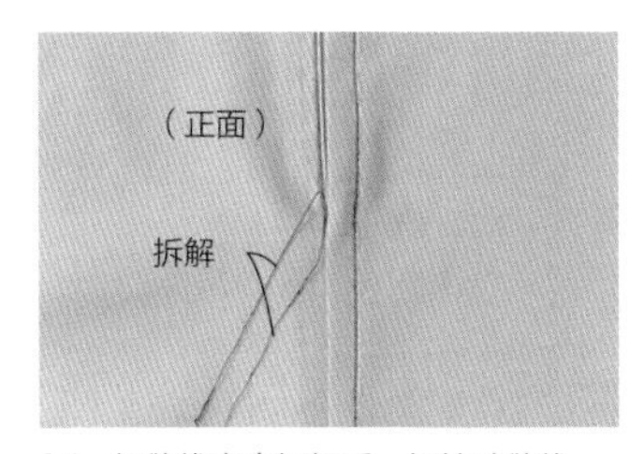

16. 粗缝线完全拆解后，拆掉疏缝线。

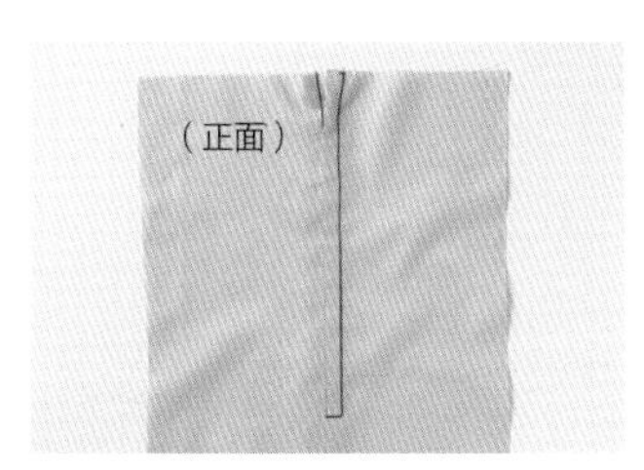

17. 完成。

隐形拉链

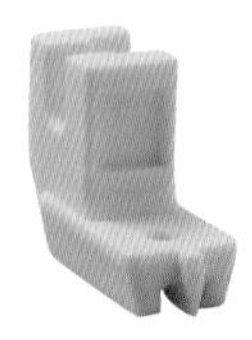

隐形拉链需要用专用压脚。拉链长度需要比开口尺寸长 3cm 以上。

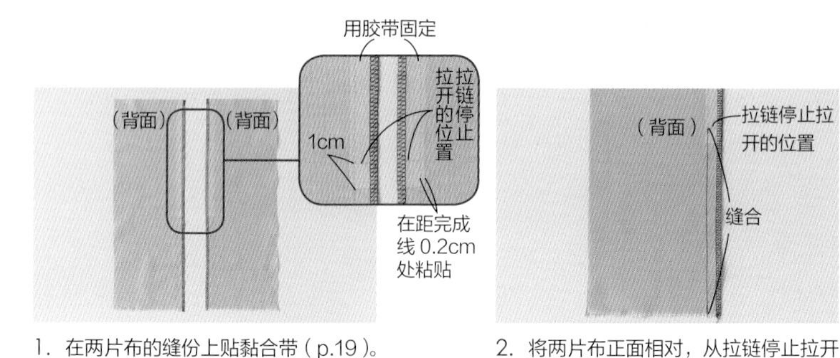

1. 在两片布的缝份上贴黏合带（p.19）。从上往拉链停止拉开的位置以下的 1cm 处进行粘贴。两条布边用缝纫机锁边。

2. 将两片布正面相对，从拉链停止拉开的位置往下进行缝合。

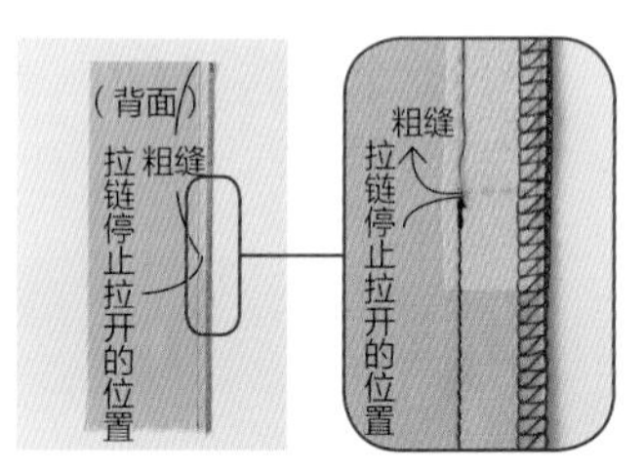

3. 在拉链停止拉开的位置上方进行粗缝。因为此处之后会拆，所以针距较大，用手缝疏缝也可以。

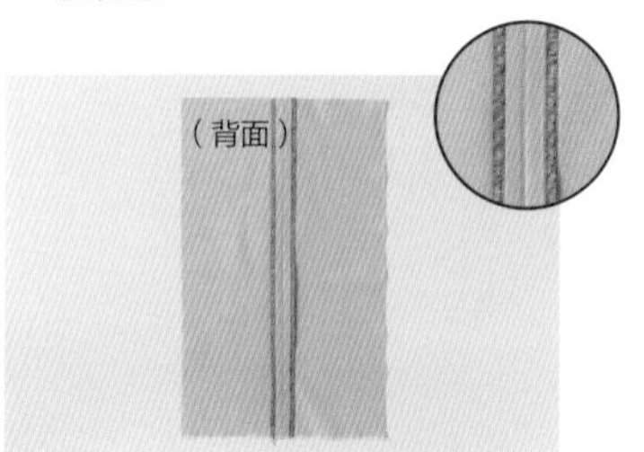

4. 缝份倒向两侧，并进行熨烫。

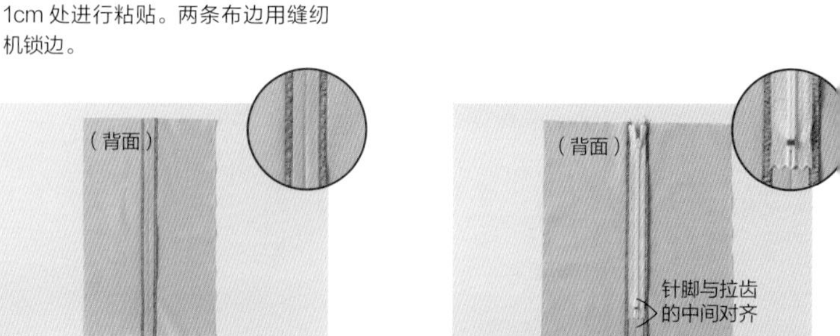

5. 针脚与拉齿的中间对齐，放置拉链。

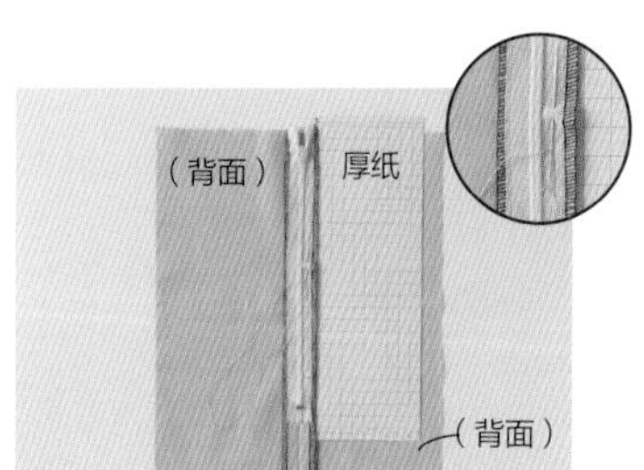

6. 在拉链停止拉开的位置往上将拉链与缝份疏缝固定。注意不要穿透表层的布，缝份下用厚纸隔着进行缝合比较好。

7. 两边疏缝完成。此时可以拆解步骤 3 中的粗缝线。

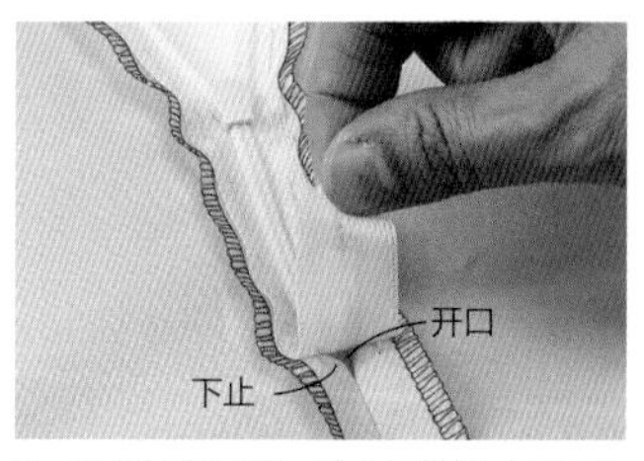

8. 拉起拉链下端，确定拉链停止拉开的位置上方开口的位置。

9. 打开拉链，从步骤 8 中的间隙将拉头拉出。

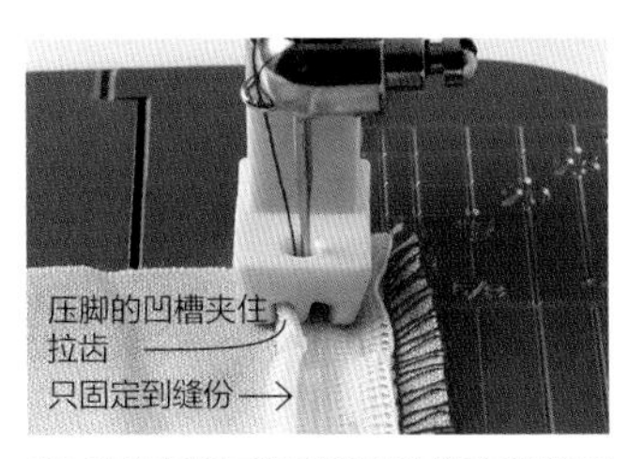

10. 专用压脚可以将拉齿夹在左侧的凹槽中，进行缝合。

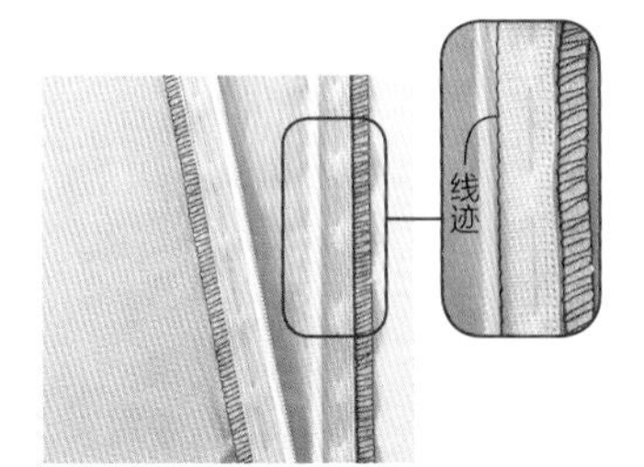

11. 缝合结束时（如左图所示）。沿着拉齿边缘进行缝合，线迹一目了然（如右图所示）。

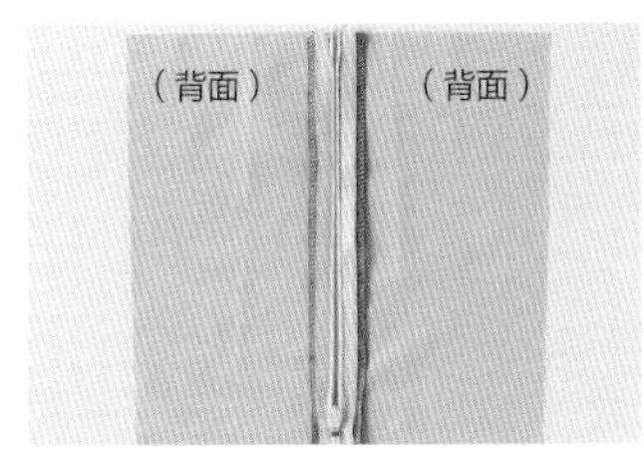

12. 另一边将拉齿夹在右侧的凹槽中，用同样的方法进行缝合。

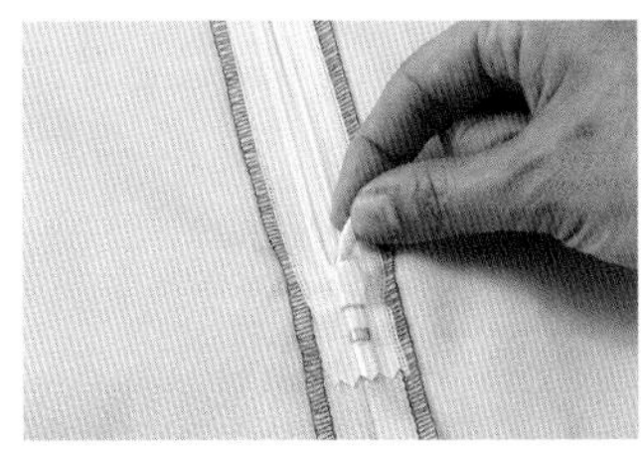

13. 将步骤 9 中的拉头拉出（如左图所示），往上拉直至拉链闭合（如右图所示）。

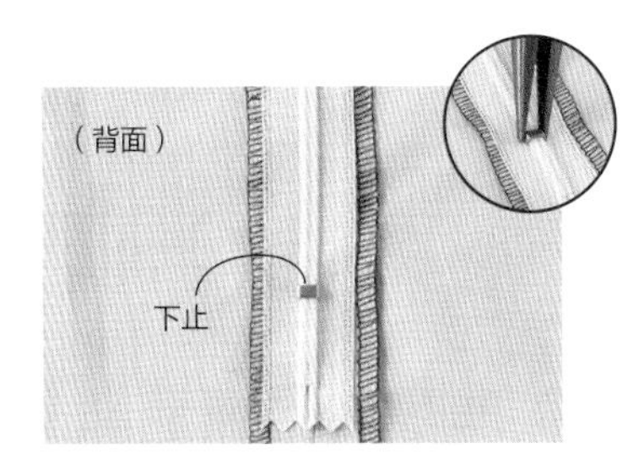

14. 将下止移动到拉链停止拉开的位置，并用钳子夹紧固定（如圆形图所示）。

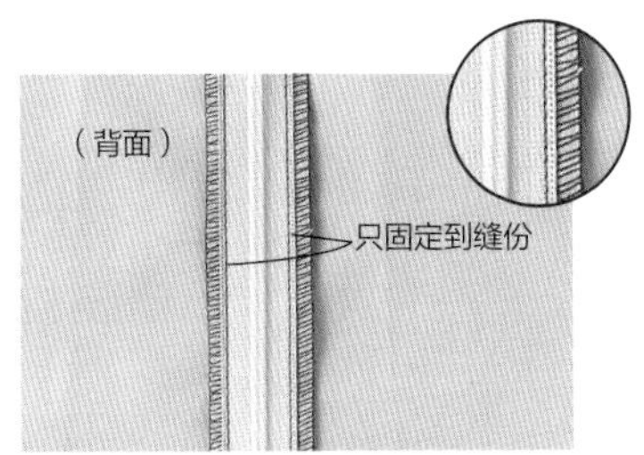

15. 将拉链边缘固定到缝份上，完成。

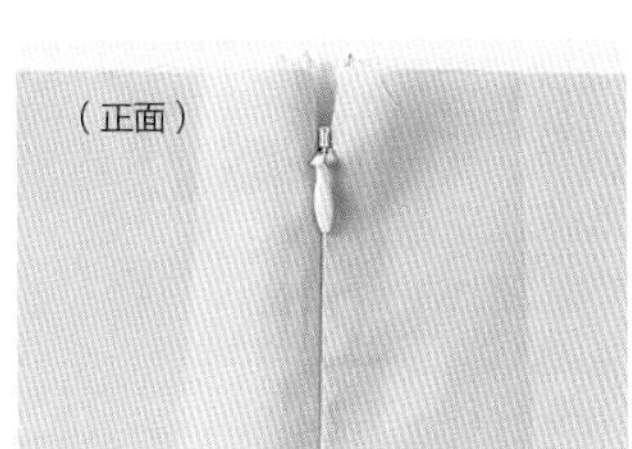

4. 固定口袋　介绍利用侧边线固定侧口袋和缝合固定正口袋的方法。

侧口袋（固定在身体右侧的情况）

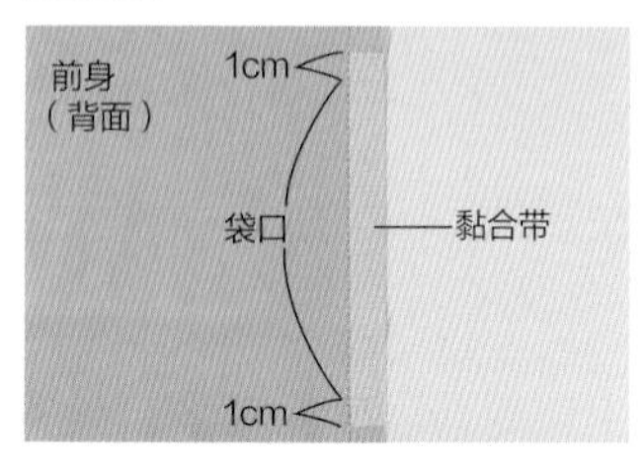

1. 在前身的袋口缝份处贴上黏合带。上下均比袋口多 1cm。

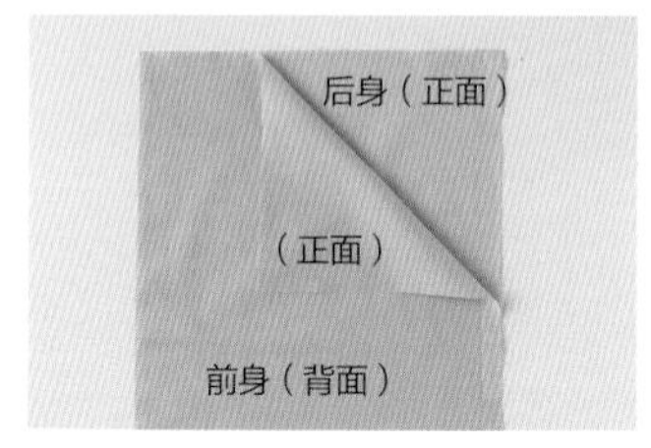

2. 与后身布正面相对。

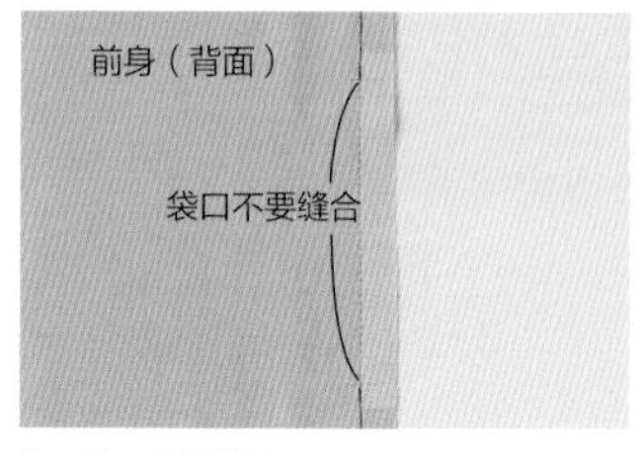

3. 袋口不要缝合。

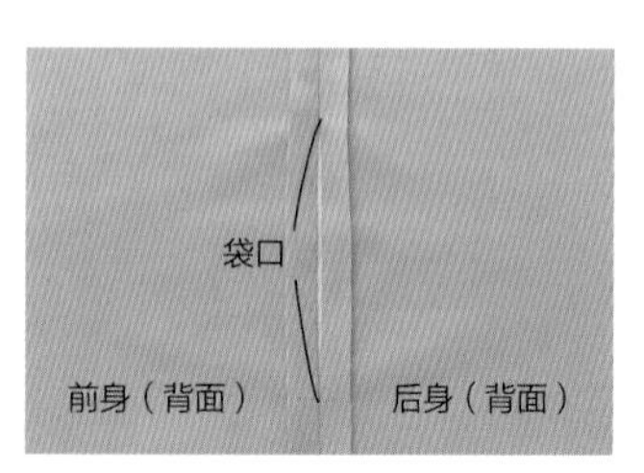

4. 缝份倒向两侧，并进行熨烫。

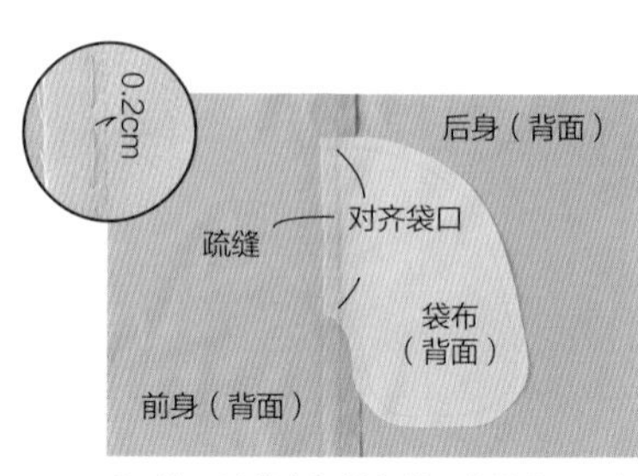

5. 将一片袋布与前身袋口的缝份正面相对，沿缝份 0.2cm 处进行疏缝。

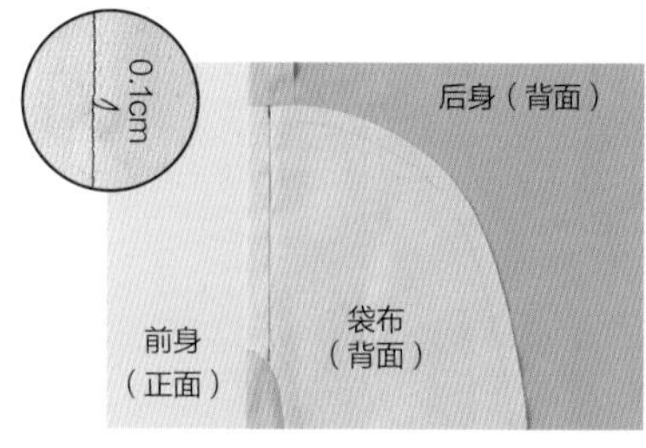

6. 注意不要缝到后身，在完成线和疏缝线之间进行缝合。然后拆掉疏缝线。

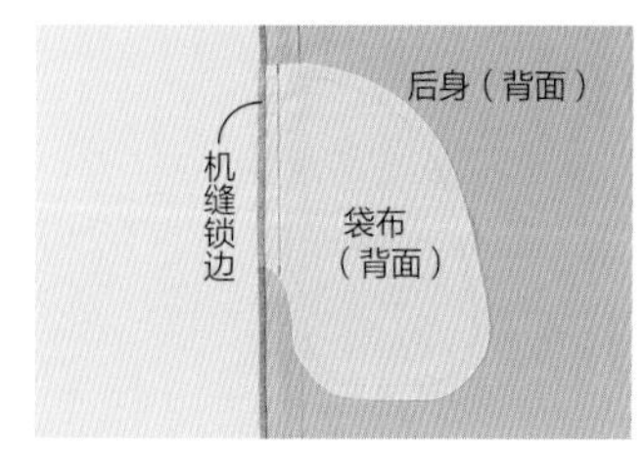

7. 在前身和袋布的缝份处进行机缝锁边。

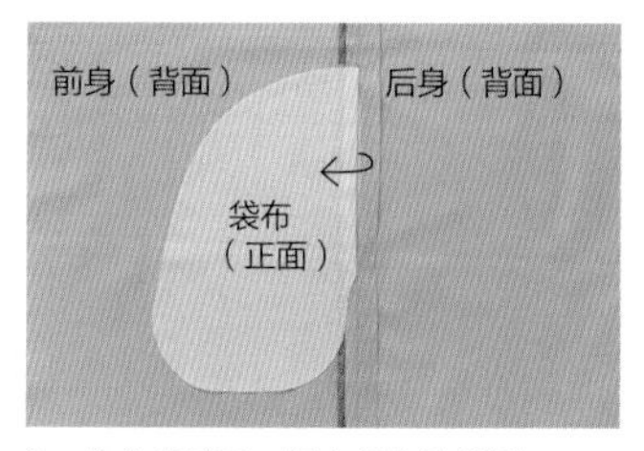

8. 将前身摊开，倒向袋布的前侧。

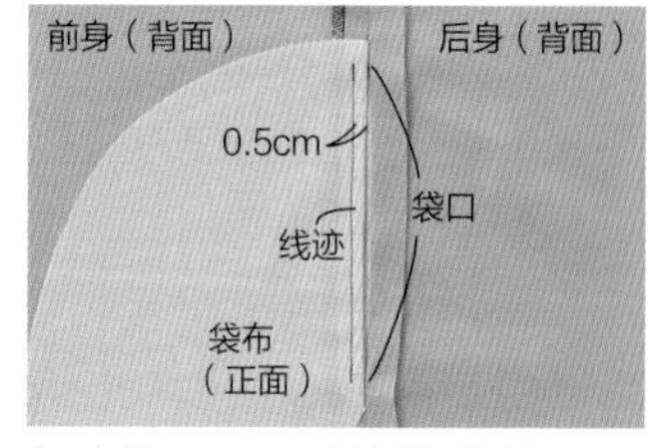

9. 在袋口 0.5cm 宽处进行线迹加固。

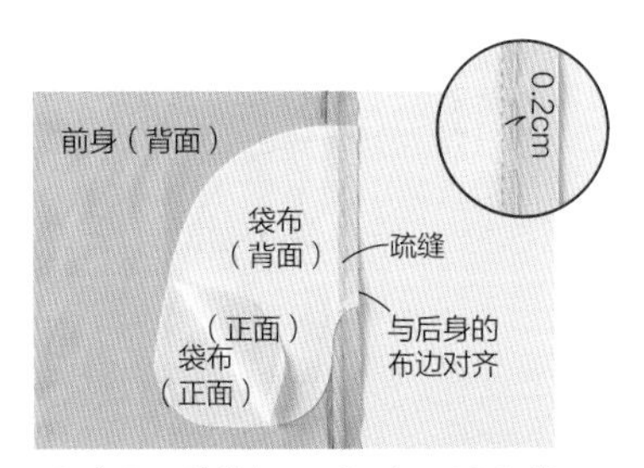

10. 与另一片袋布正面相对，后身和袋布的缝份疏缝固定。

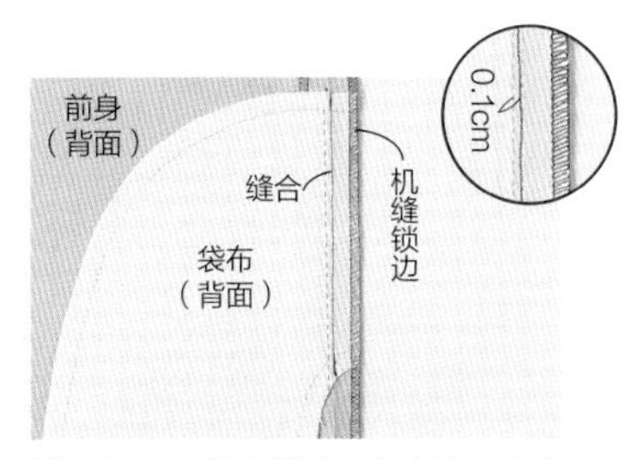

11. 注意不要缝到前身，与步骤 6 中方法相同进行缝合。拆掉疏缝线，在后身和袋布的缝份处进行机缝锁边。

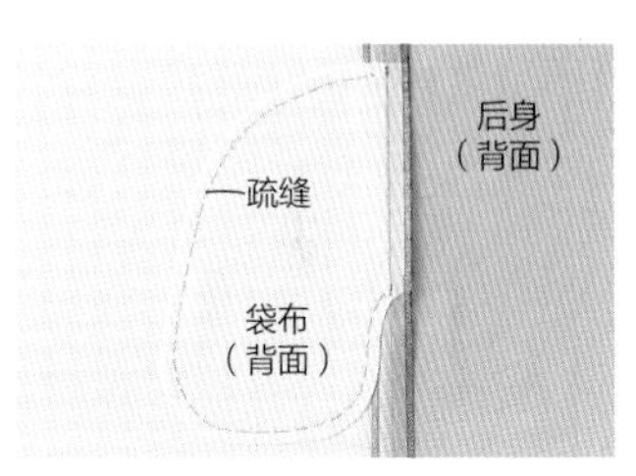

12. 袋布周围疏缝一圈。

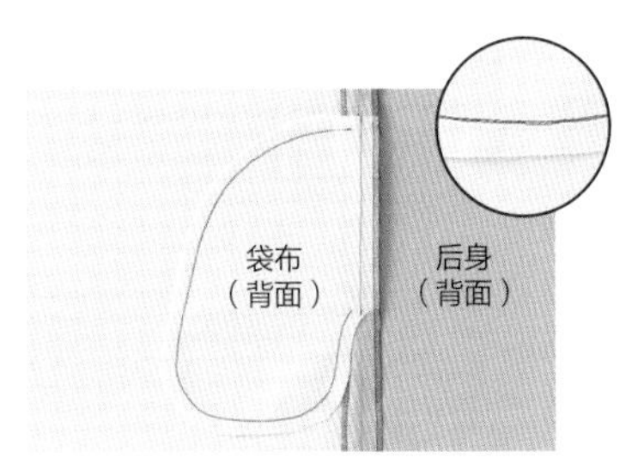

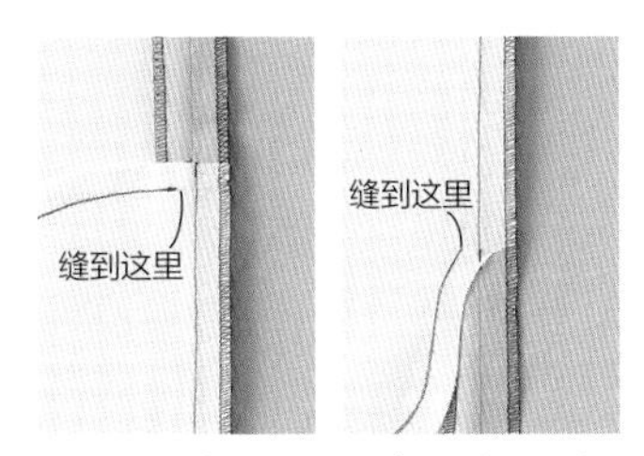

13. 沿完成线缝合。缝合开始和结束时都稍微多缝出一定的位置（如右图所示）。因为要承力，缝两道的话更安心（如圆形图所示）。

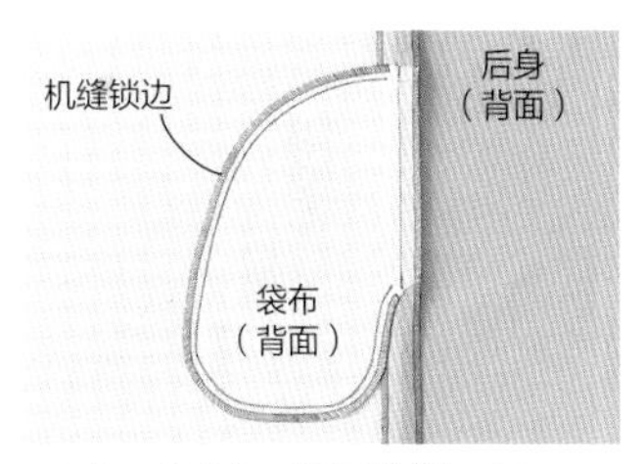

14. 将两片袋布一起机缝锁边一圈。

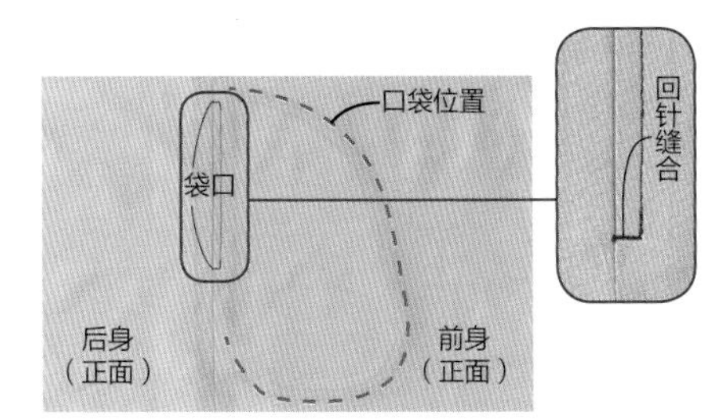

15. 翻到正面，袋口的上下处倒针缝合加固。

正口袋

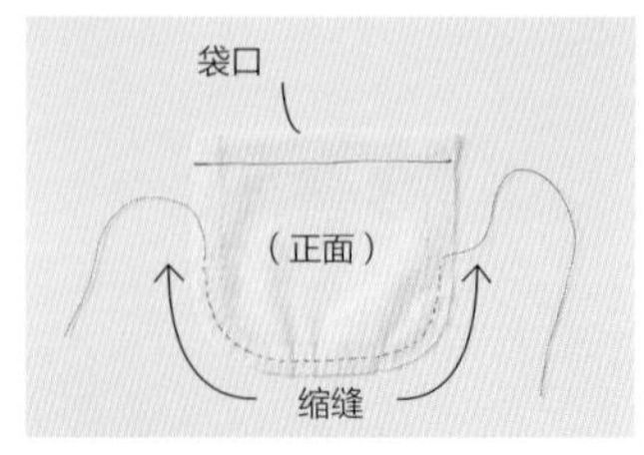

1. 首先将袋口折三层缝合（p.82）。弧形部分的缝份进行缩缝。两端不打结，并留出一定长度。

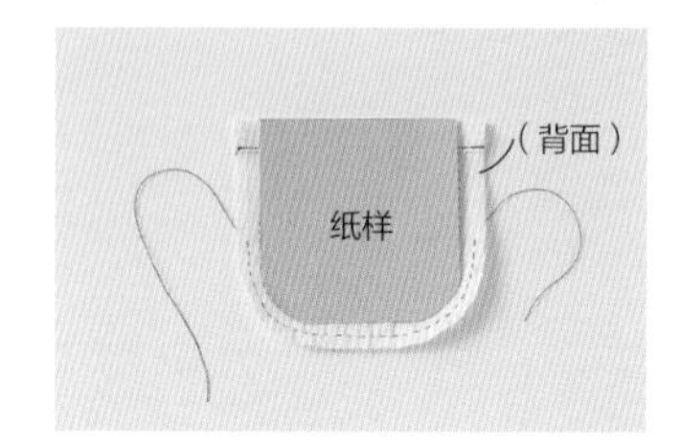

2. 内侧放入厚纸样。

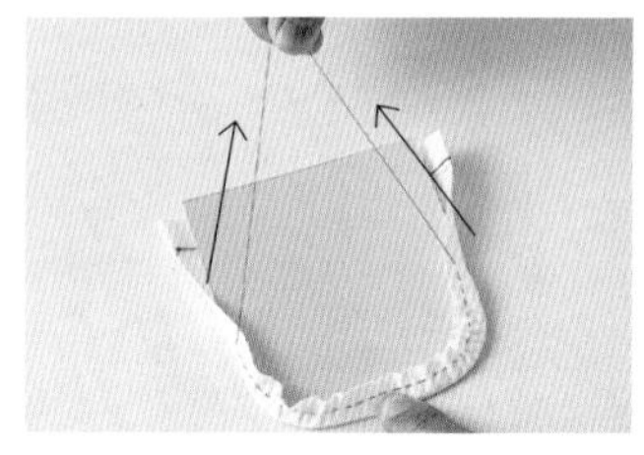

3. 拉缩缝线，沿纸样边缘缩缝。

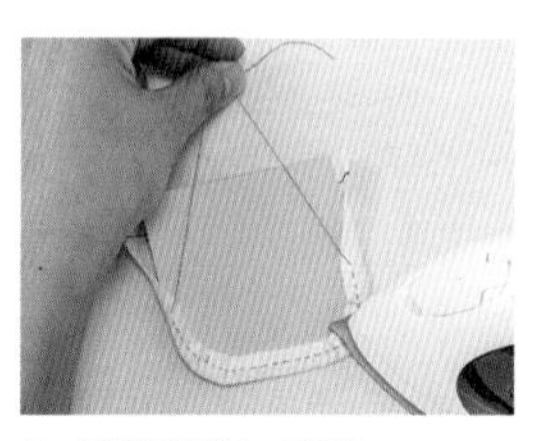

4. 用熨斗熨烫，定型。

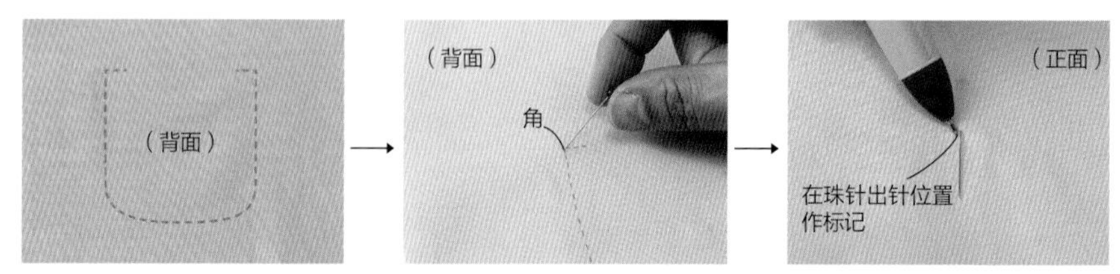

5. 安装口袋的位置的标记线是画在布背面的（如左图所示），还需要在正面作记号。在口袋角插珠针（如中图所示），在正面出针的位置作标记（如右图所示）。另一边的角也是同样的方法作标记。

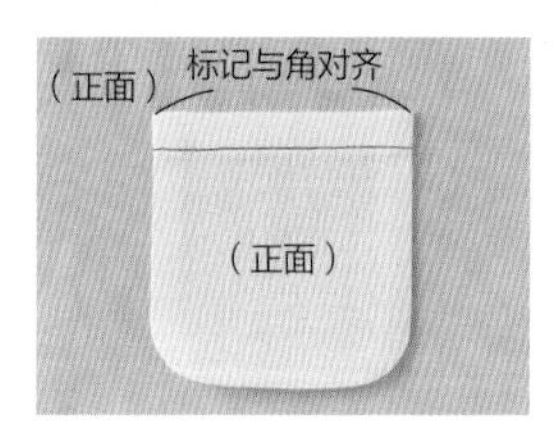

6. 按照步骤 5 中的标记将口袋的角对齐，用珠针固定，再进行疏缝。

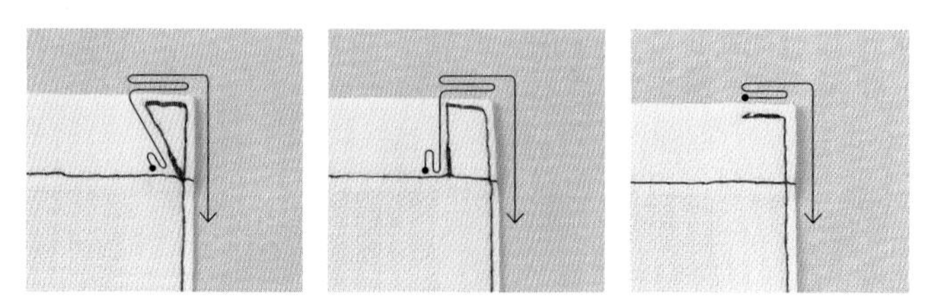

7. 缝合侧边和底边，袋口需承力因而需要回针缝合加固。图中是几种加固的缝合方法示例。

5. 布边的处理 根据布料材质和设计需要，处理布边的方法也有所不同。

折双缝合

直线布边

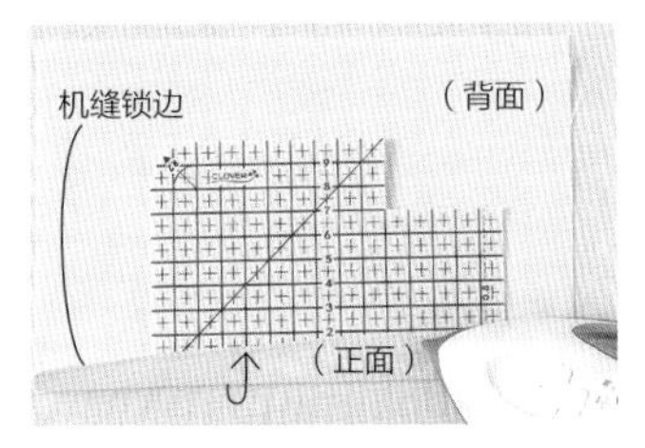

1. 布边先进行锁边处理，沿完成线折叠熨烫，用熨烫尺会比较方便。

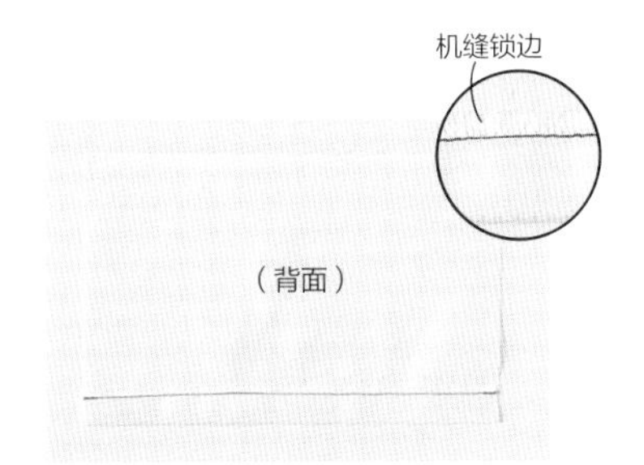

2. 沿着锁边线迹下方进行缝合。

曲线布边

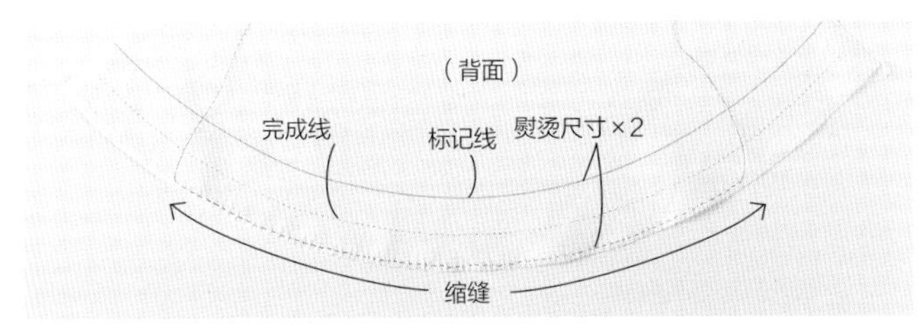

1. 将弧形部分的缝份进行缩缝。在距离布边 0.3cm 的位置进行缝合，两端不打结，并留出一定长度。不仅要画出完成线，折叠后的布边位置（熨烫尺寸 ×2）也要画出标记线。

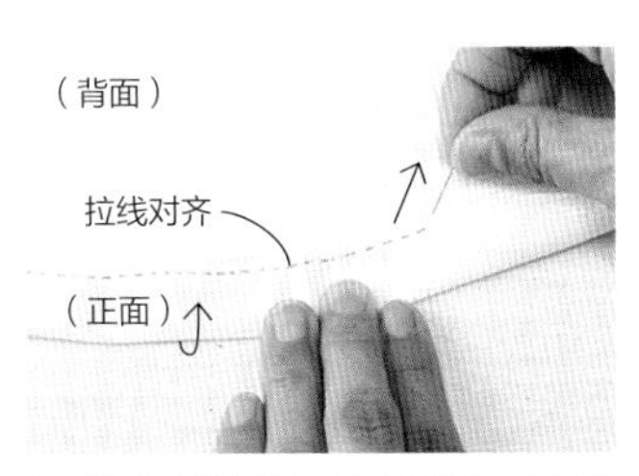

2. 沿完成线对折，拉动步骤 1 中的缩缝线，使布边与标记线对齐。

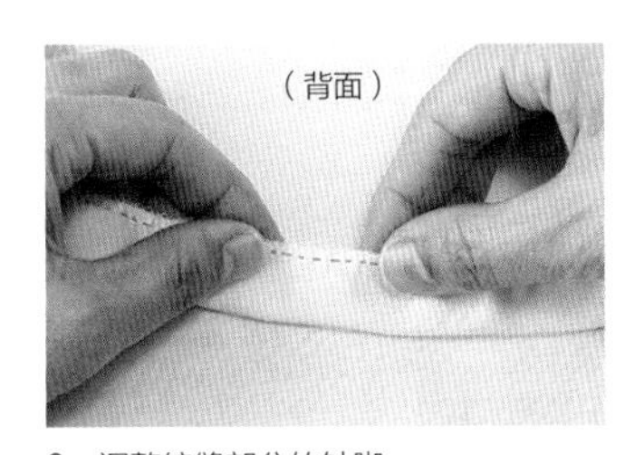

3. 调整缩缝部分的针脚。

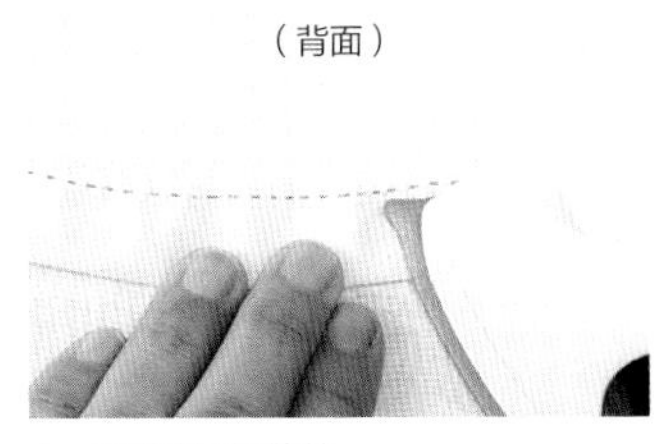

4. 用熨斗压烫缝份。

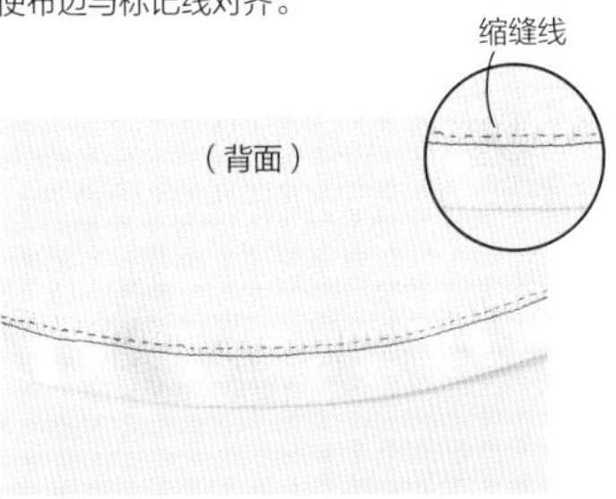

5. 沿边缘下端缝合。初学者可以事先进行疏缝固定。不拆缩缝线也可以。

折三层缝合

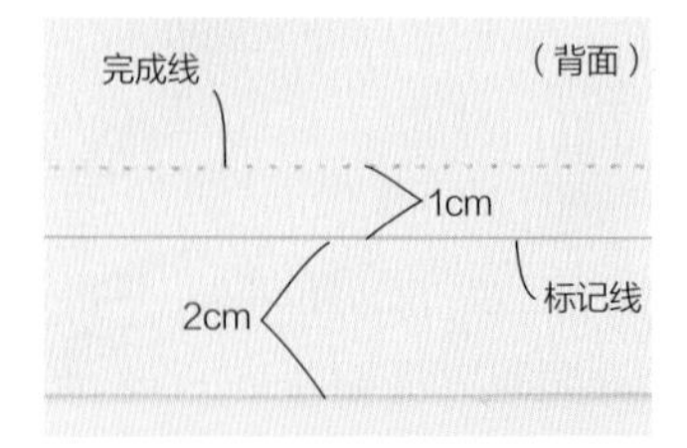

1. 如图是 3cm 缝份，1cm 和 2cm 折三层缝合的示例。除了完成线，事先画出折痕标记线（此时是距离布边 2cm）会让操作更顺利。

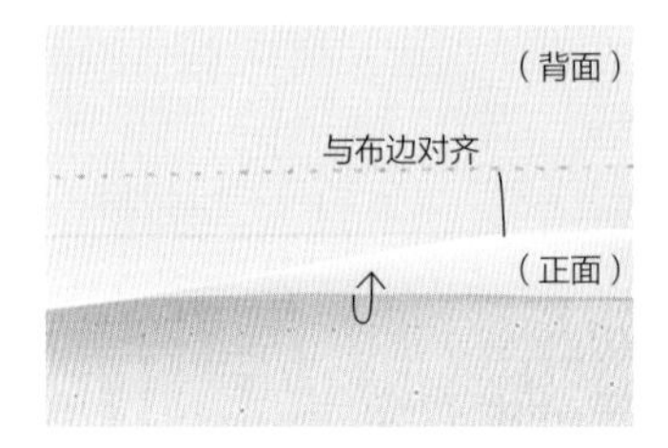

2. 朝标记线折叠，用熨斗熨烫。

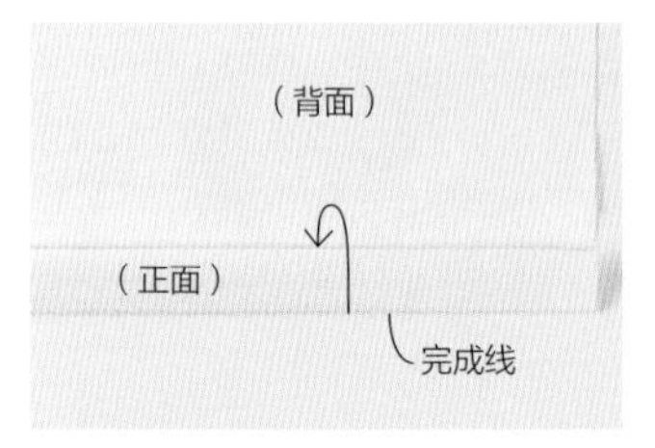

3. 朝完成线折叠，用熨斗熨烫。用 p.81 的熨烫尺使折叠更便利。

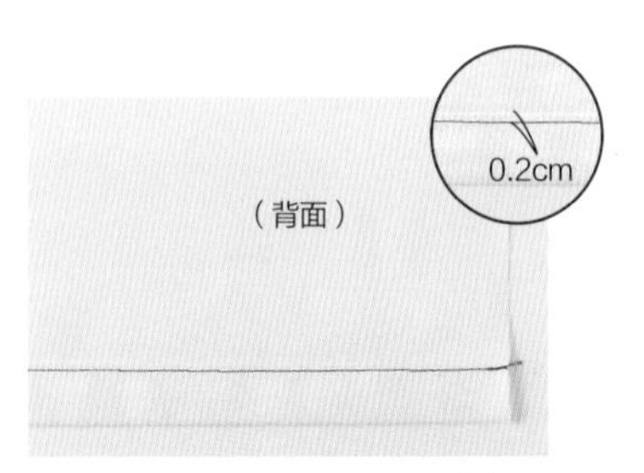

4. 在距离折痕 0.2cm 的位置缝合线迹。

薄布的情况

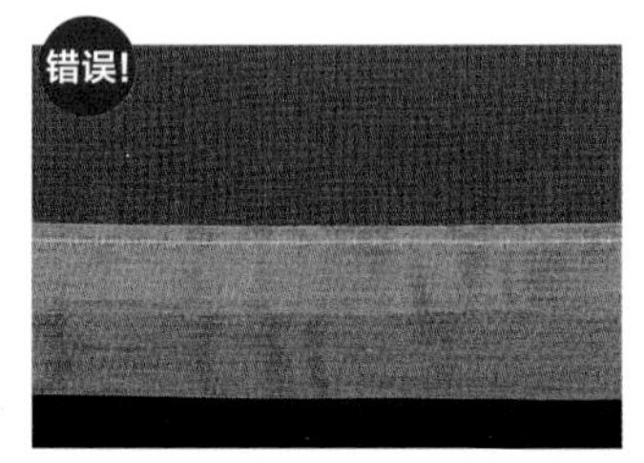

正确!

薄透的布料在进行 1cm 和 2cm 的折三层缝合时，布边比较明显。像这种情况，两次折叠的宽度相同（如右图所示），也叫“完全三层折叠”。此时，还要加上这部分的缝份。

课堂 容子老师

Q. 在薄布上缝合开始和结束时，布会出现褶皱。

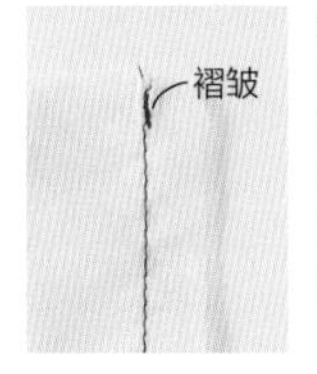

薄布缝合开始时，即使用专用针线进行缝合也会出现布褶皱的情况，回针缝合也不美观。

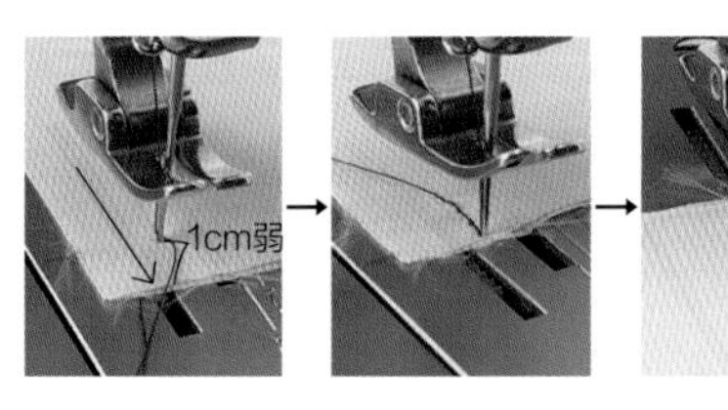

A. 不要使用回针缝按键，而要改变布的方向进行缝合。将布置于与前进方向相反的方向，距离布边近 1cm 的地方落针（如左图所示）。朝布边进行缝合（如中图所示），机针保持落下状态，压脚抬起，改变布的方向进行缝合（如右图所示），完成回针缝合。

机缝锁边 ※ 从左往右依次是 Z 字形线迹、锁边、锁缝。

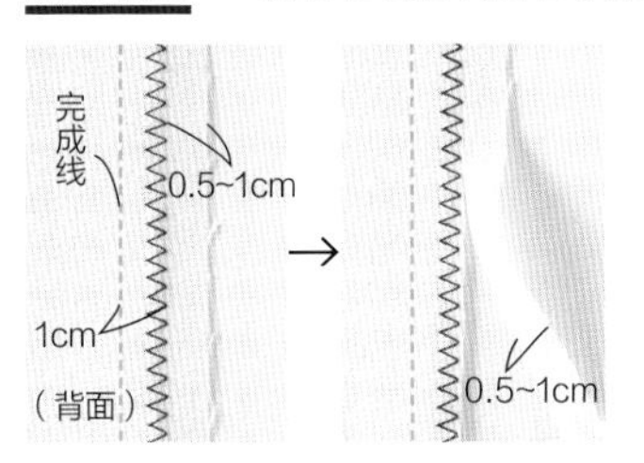

在缝份为 1cm 的情况下，裁布时要再加 0.5~1cm 的余量。在距离完成线 1cm 的位置进行 Z 字形线迹缝合（如左图所示），再剪掉布边（如右图所示）。

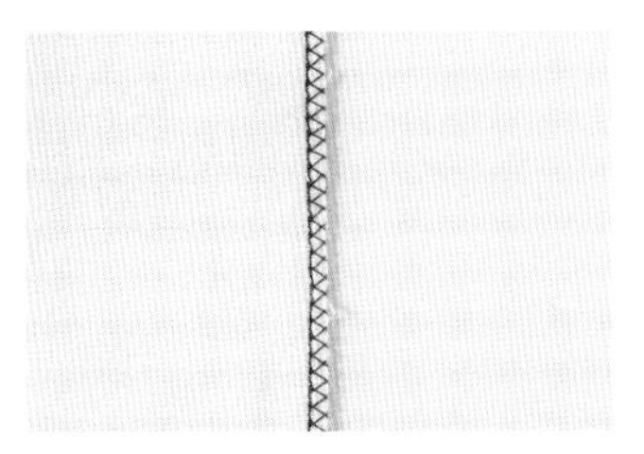

使用锁边功能时，保持机针落在布边右侧进行缝合。相较于 Z 字形线迹处理的布边，更加牢固。

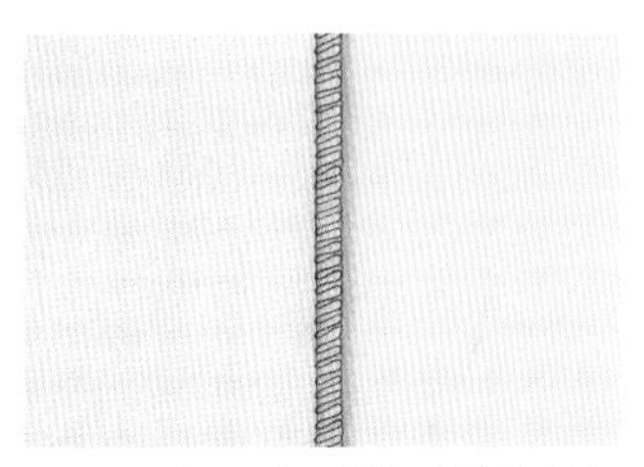

锁缝是既美观又牢固的处理布边的方法。缝合开始和结束时都要预留一定长度的线端，用毛线针等较粗的针穿线，穿过针脚达到锁边的效果。

贴边 ※ 隐藏缝份，使完成品清爽简洁，多用于宝宝用品等直接接触肌肤的作品中。

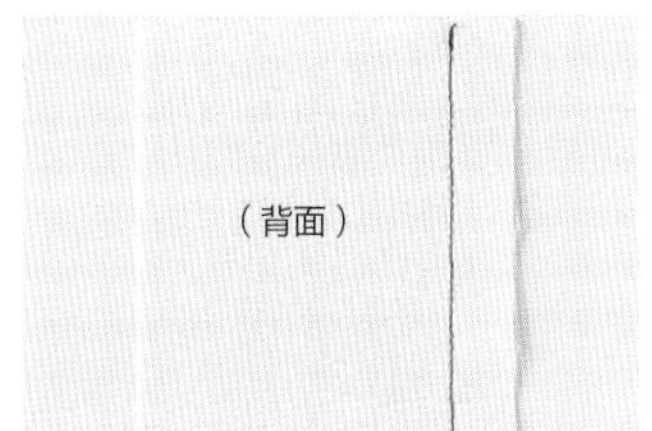

1. 将两片布正面相对，进行缝合。

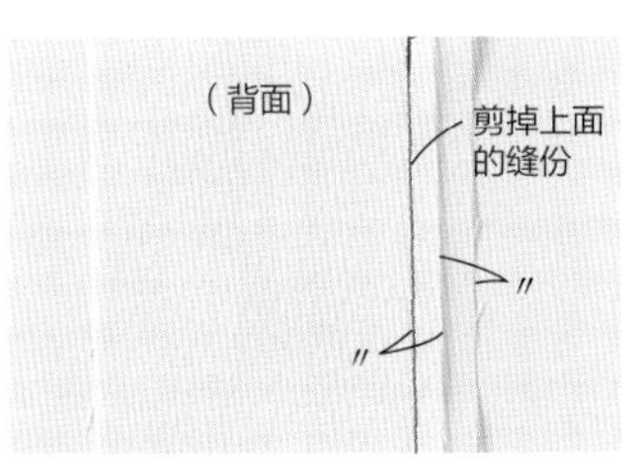

2. 剪掉上面缝份宽度的一半。

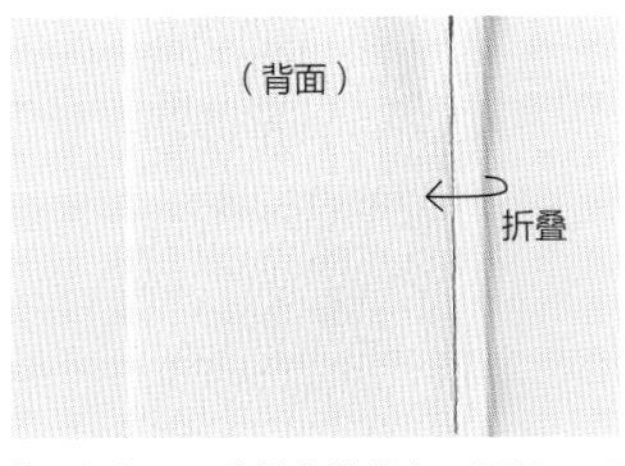

3. 将步骤 2 中的布边卷起，折叠下面的缝份。

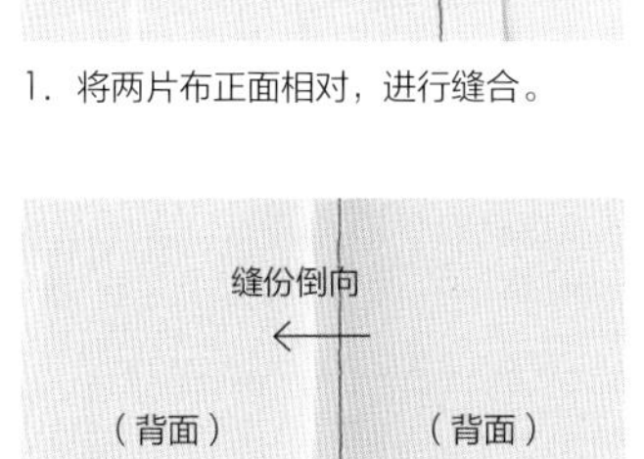

4. 将布片打开，缝份倒向步骤 3 中折叠的一侧。

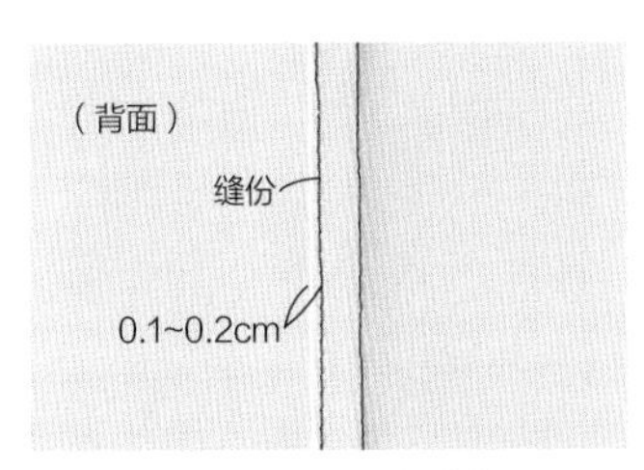

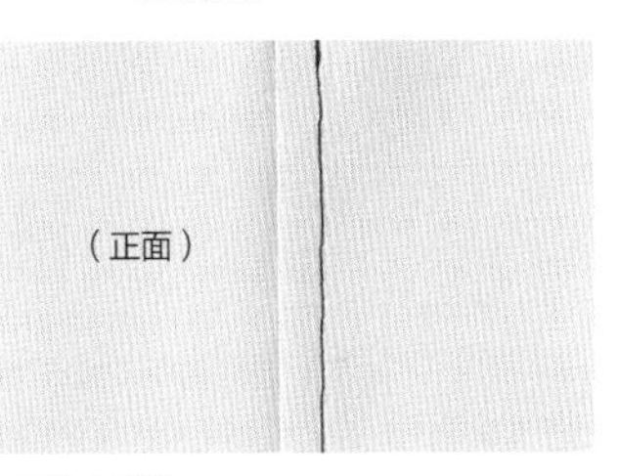

5. 在距离步骤 3 中折痕的边缘 0.1~0.2cm 的位置缝合线迹。

割缝 ※针对厚布的布边处理。

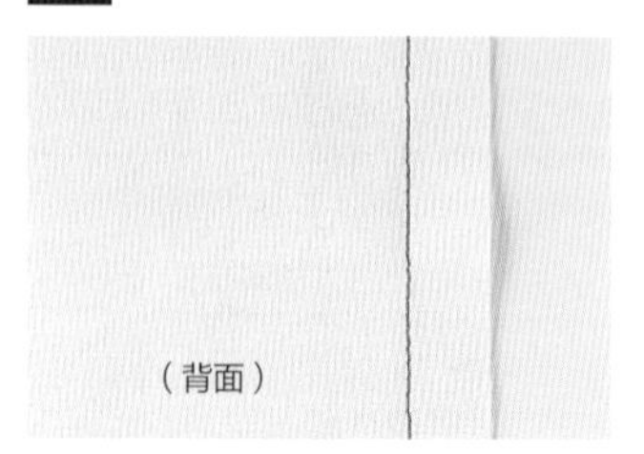

1. 将两片布正面相对，进行缝合。

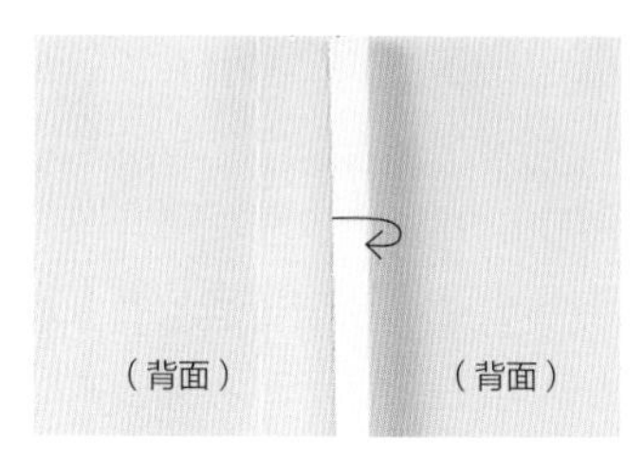

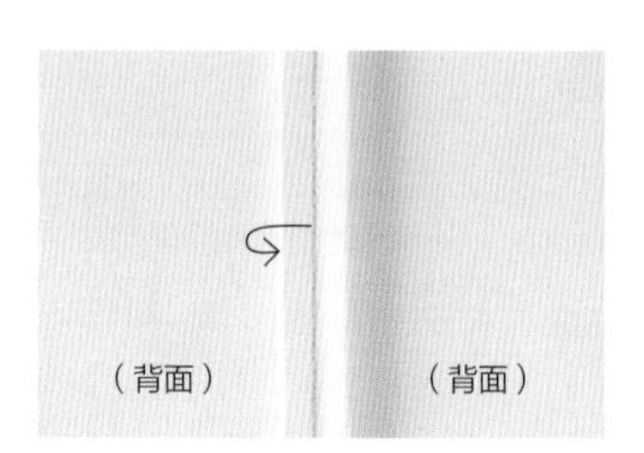

2. 缝份倒向两侧，将缝份进行对折。

0.1~0.2cm

（背面）　（正面）

3. 距离折痕边缘 0.1~0.2cm 处进行机缝线迹缝合。

课堂 容子老师

Q. 进行机缝线迹缝合时，不画标记线可以吗？

A. 因为正面看不见，不是非常熟练的话还是画标记线比较放心，如果正面能看见从而不画线时，要确认压脚在什么位置是与折痕匹配的，要先进行试车，然后再进行缝合。

袋缝 ※有时正面会透出缝份，先用 Z 字形线迹或锁边进行布边处理。缝份预留 2cm。

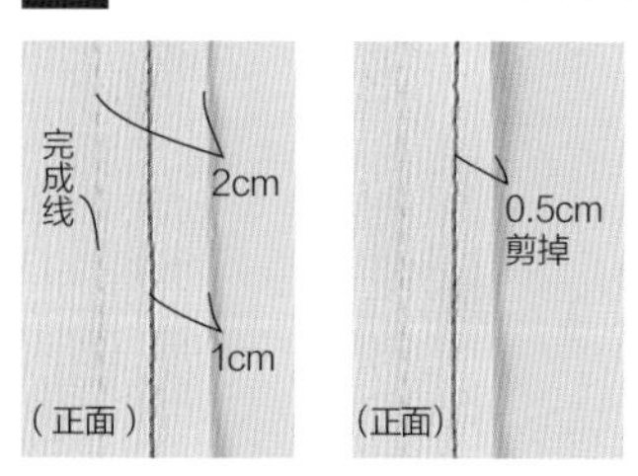

1. 将两片布背面相对，在一半缝份处进行缝合。缝份布边 0.5cm 剪掉。

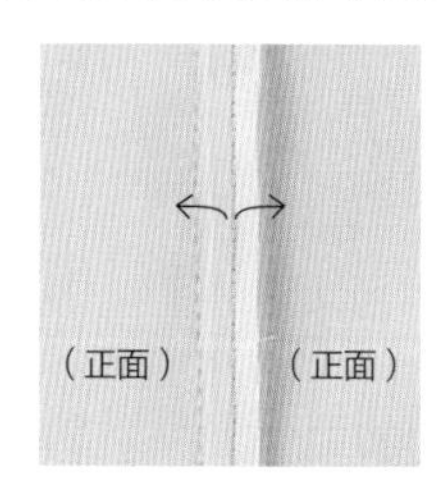

2. 缝份倒向两侧。

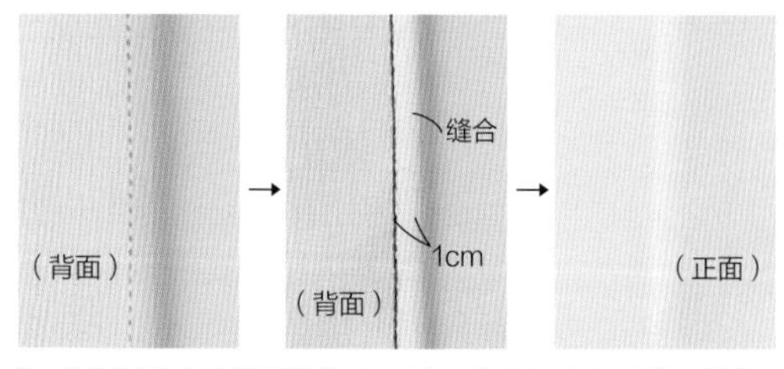

3. 将步骤 2 中的缝份卷起，正面相对折叠，在完成线上缝合。

6. 包边的处理

使用带状斜裁布，弯曲的布边也能美观包覆。

自裁包边条

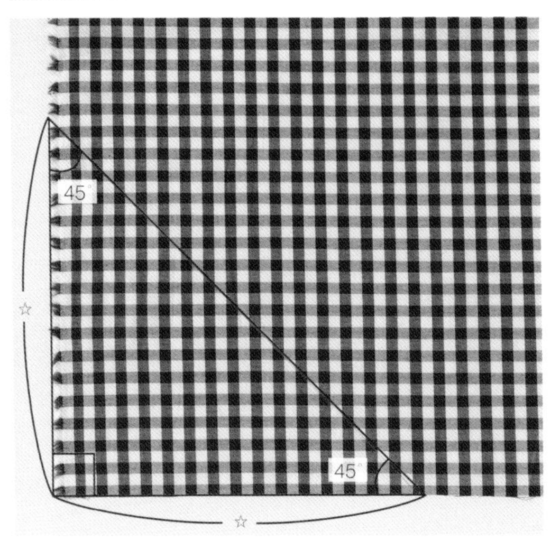

1. 在布上画出 45° 的斜裁线。直角取布边等距离的位置作标记（☆），画标记线。

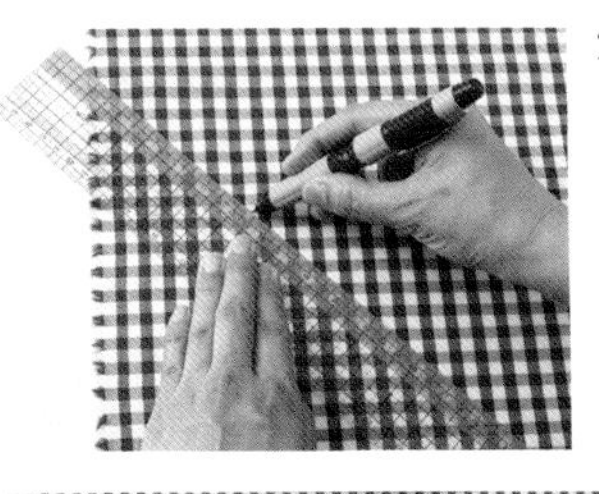

2. 使用方格尺，沿着与初始线平行的位置画出固定宽度的线。

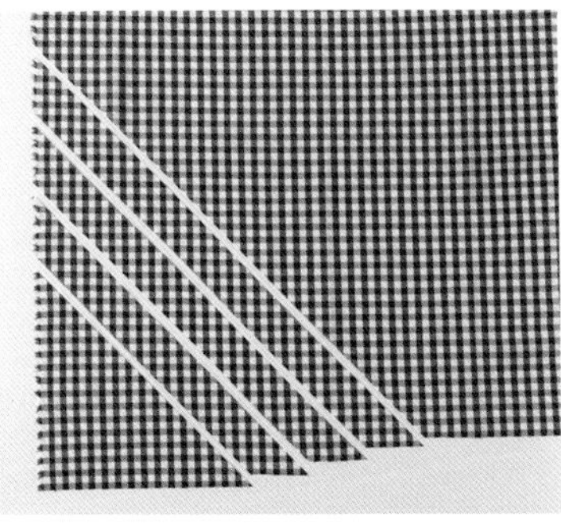

3. 沿标记线裁布。可使用轮刀。

市面上的成品包边条

品种丰富的成品包边条。颜色丰富，花纹多样，有亚麻材质的，除了素色，还有格子花纹、点点图案等。

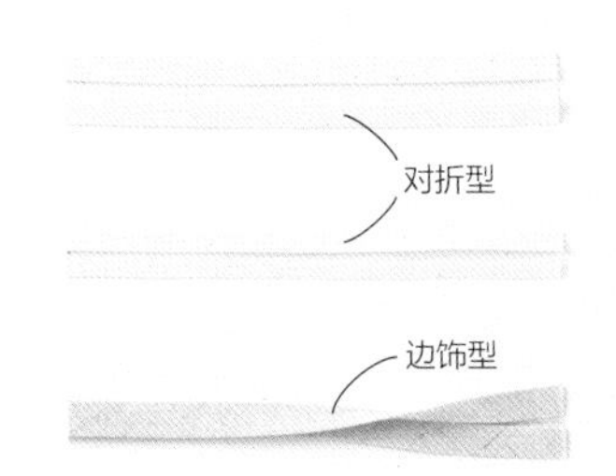

市面上常见的主要是“对折型”（如上图和中图所示），将对折型的宽度再折半就是“边饰型”（如下图所示）。也可以将对折型折叠当边饰型使用。购买时请注意包边条的宽度。需要包边宽度为 1cm 时，就购买宽度 1cm 的边饰型，宽度 2cm 的对折型。

自制包边条

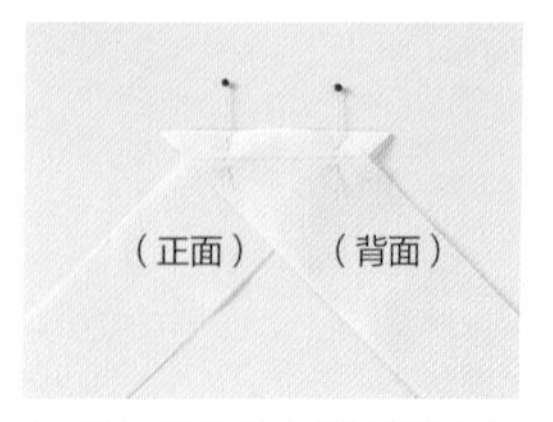

1. 将两片布八字形正面相对，用珠针固定。

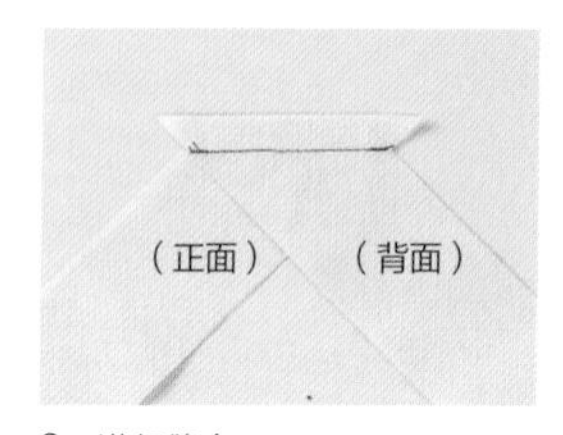

2. 进行缝合。

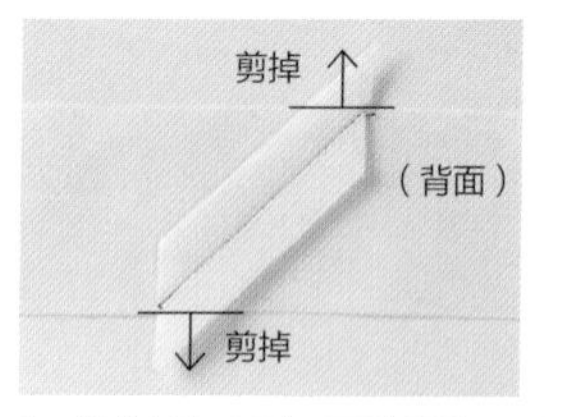

3. 缝份倒向两侧，用熨斗熨烫，剪掉突出部分。

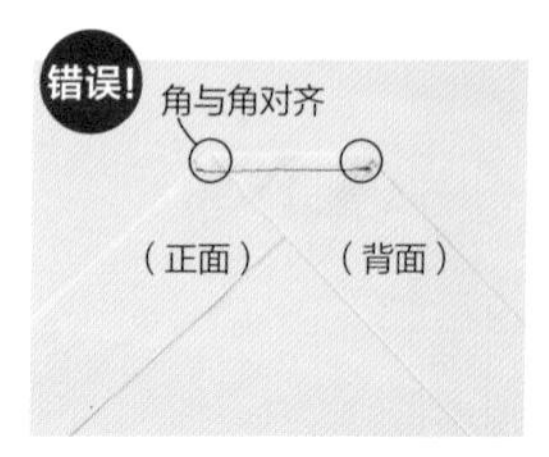

如果布角对齐（如左图所示），缝合后会出现歪斜（如右图所示）。需要画出步骤 1、步骤 2 中的完成线，从端到端进行缝合，就不会失败。

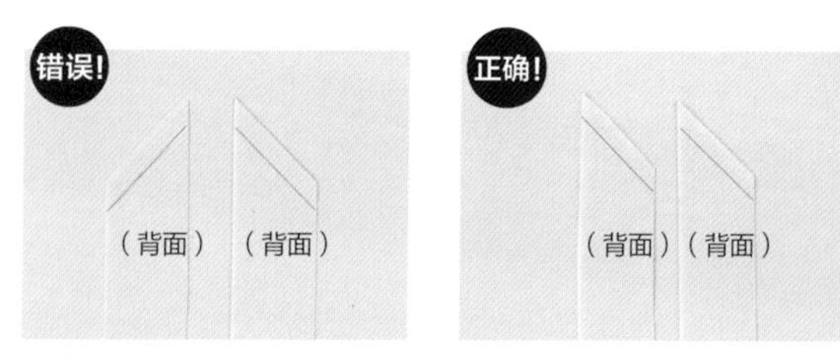

如左图中布料的斜向不同，正面相对时无法形成八字形。如右图中布料斜向一致时，再进行缝合。

贴边缝

处理边缘时使用。正面看不见包边条。这里介绍沿完成线 1cm 宽度进行机缝线迹缝合的方法。

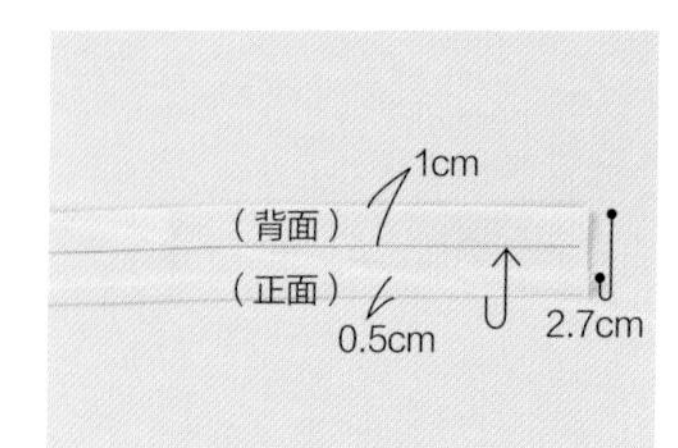

1. 将包边条的单侧长边如图所示进行折叠。另一侧长边在距离布边 1cm 的位置画标记线。

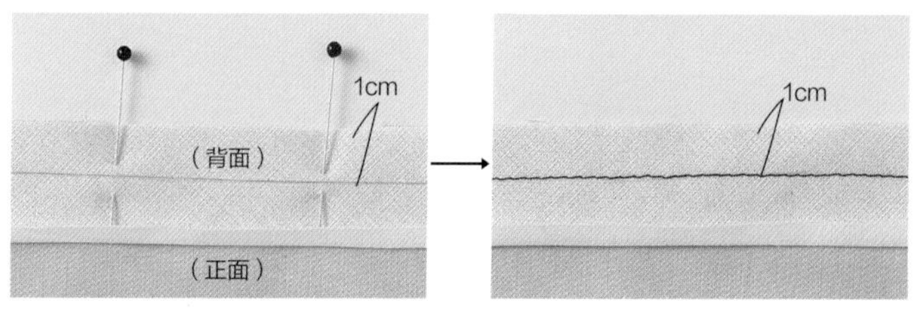

2. 与作品正面相对，用珠针固定（如左图所示），沿步骤 1 中画的标记线缝合（如右图所示）。

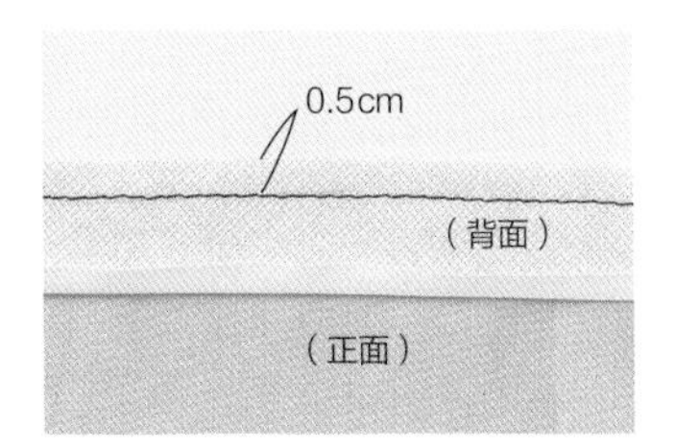

3. 在距离线迹 0.5cm 的位置修剪。

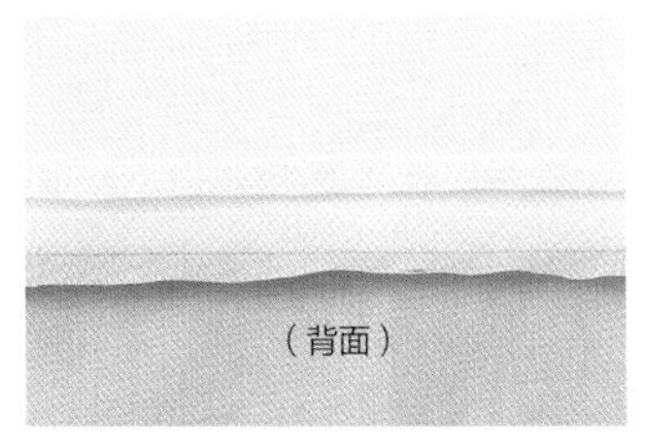

4. 将布翻到背面，熨烫步骤 2 中的针脚，并将缝份倒向两侧。

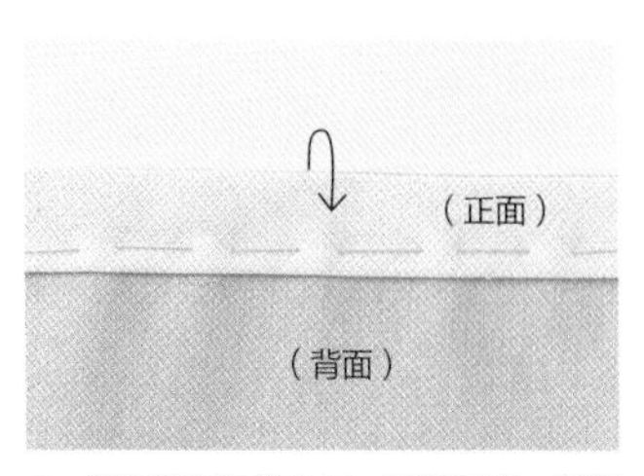

5. 缝份倒向两侧之后，熨烫针脚，并进行疏缝固定。

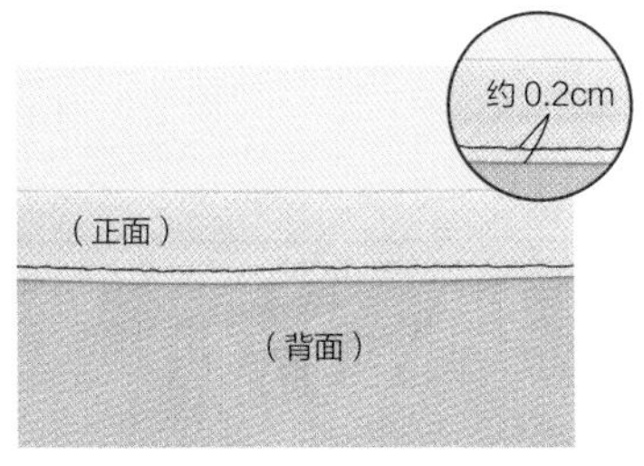

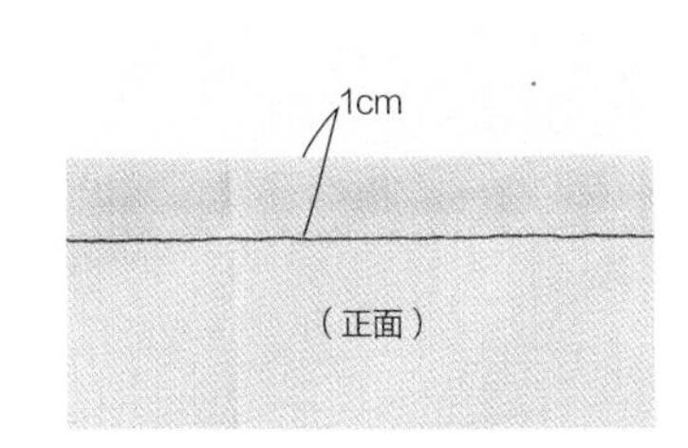

6. 在距离折痕 0.2cm 的位置进行机缝缝合。

包边（边缝） 这里介绍包边宽度 1cm 的方法。

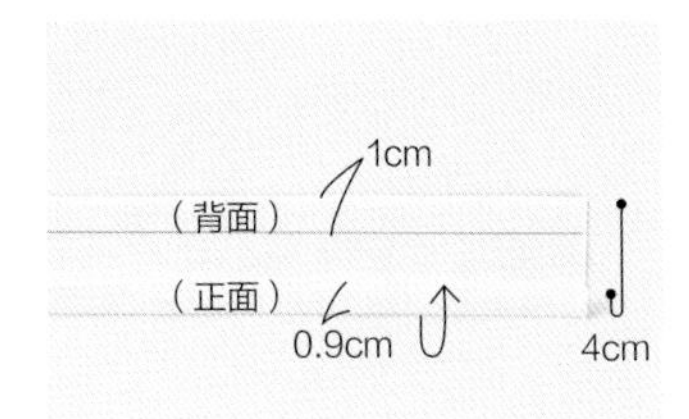

1. 将包边条的单侧长边如图所示进行折叠。另一侧长边在距离布边 1cm 的位置画标记线。

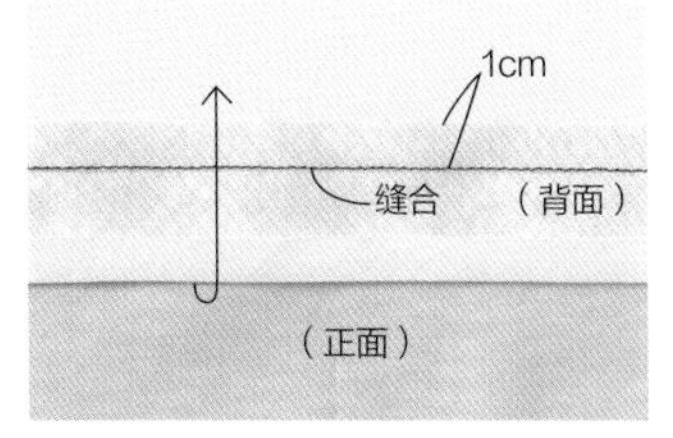

2. 与作品正面相对，用珠针固定，沿步骤 1 中画的标记线缝合。将缝合线迹置于上方，进行熨烫。

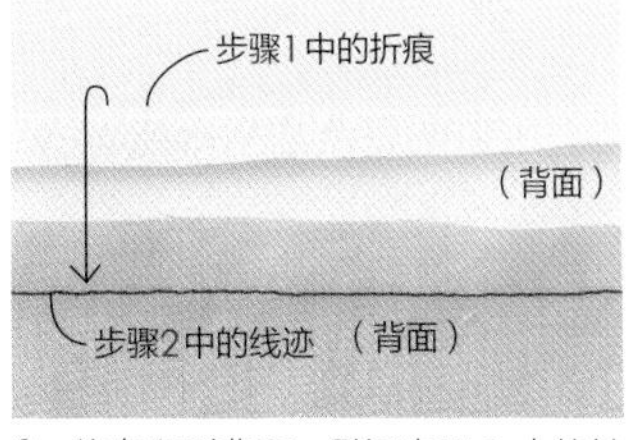

3. 将布翻到背面，熨烫步骤 2 中的针脚，并沿布边折叠。

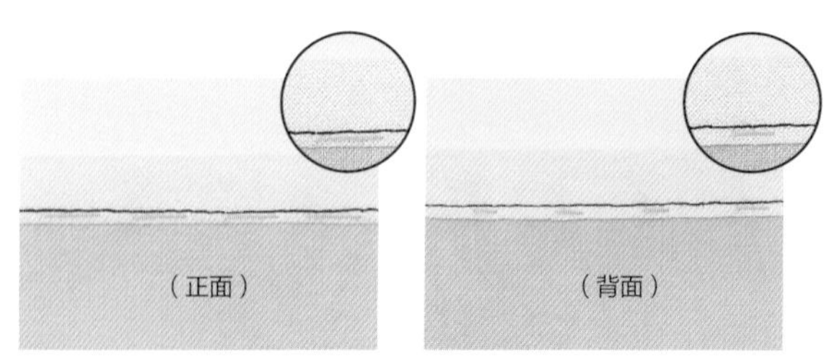

4. 在正面疏缝，进行机缝缝合。步骤 3 中的折痕与线迹对齐，在这个状态下在疏缝线上方进行缝合，机针就不会落到包边条上。

固定

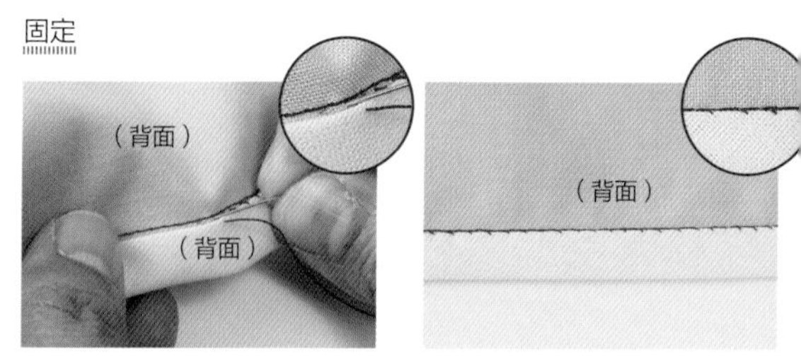

背面手缝固定。沿着步骤 1 的折痕和步骤 2 的线迹折叠布边，将折痕处固定（p.46 平纤缝）。针脚穿过布边（如圆形图所示），在正面看不见针脚。

包边（落针缝合） 这里介绍包边宽度 1cm 的方法。

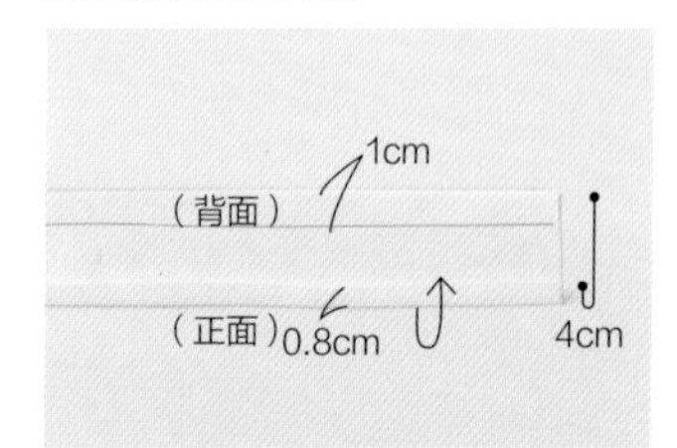

1. 将包边条的单侧长边如图所示进行折叠。另一侧长边在距离布边 1cm 的位置画标记线。

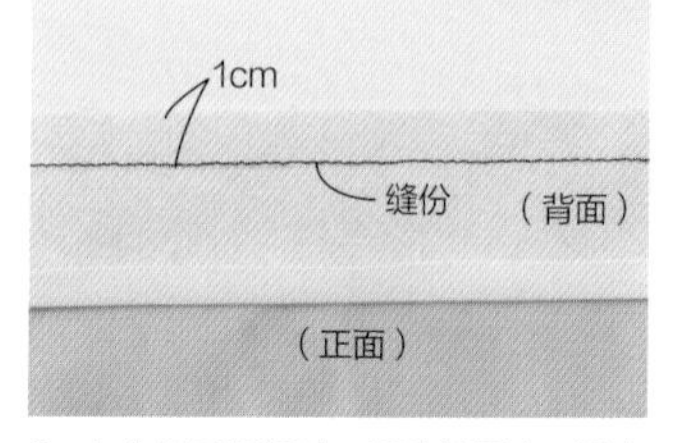

2. 与作品正面相对，用珠针固定，沿步骤 1 中画的标记线缝合。

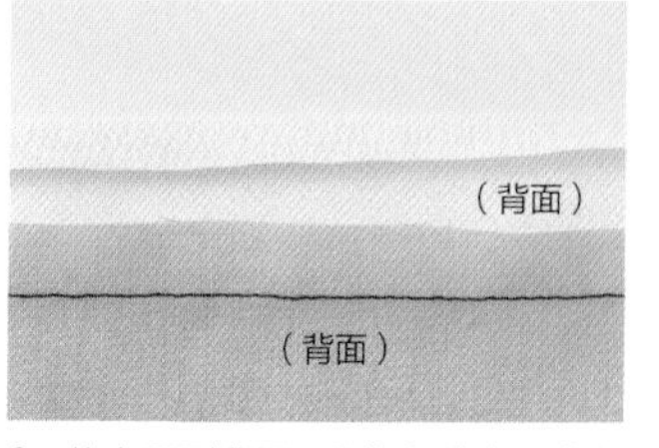

3. 将布翻到背面，翻折包边条，进行熨烫。

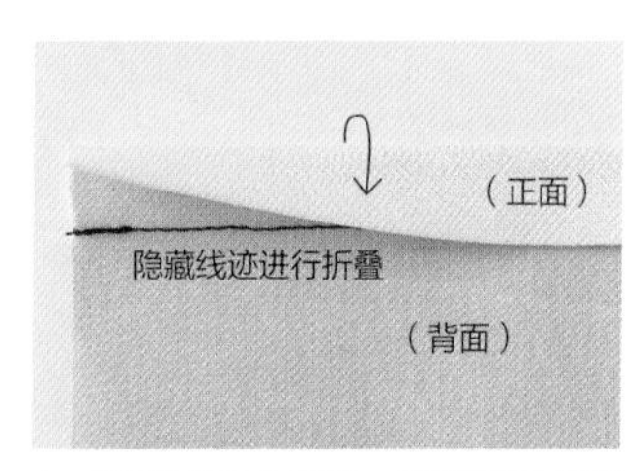

4. 将包边条布边折叠。此时要盖住步骤 2 中的线迹。

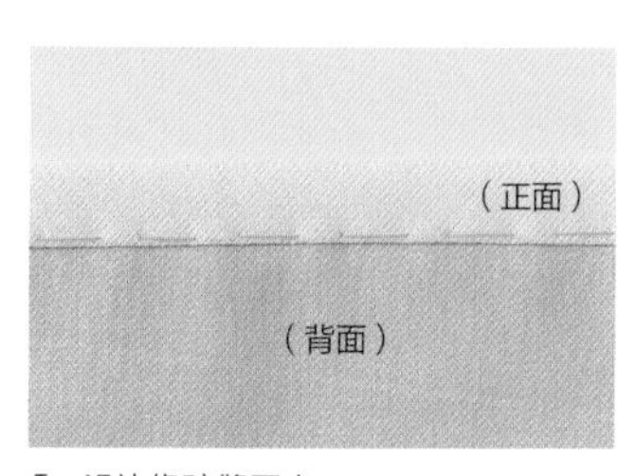

5. 沿边缘疏缝固定。

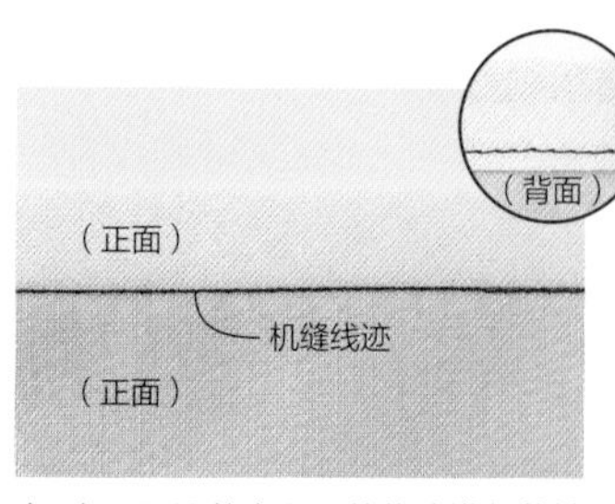

6. 在正面沿着步骤 2 的线迹进行落针缝合。因为步骤 4 中已将线迹隐藏，背面的线迹在包边条上方（如圆形图所示）。

包边（边缝、内曲线缝合） 这里介绍包边宽度 1cm 的方法。

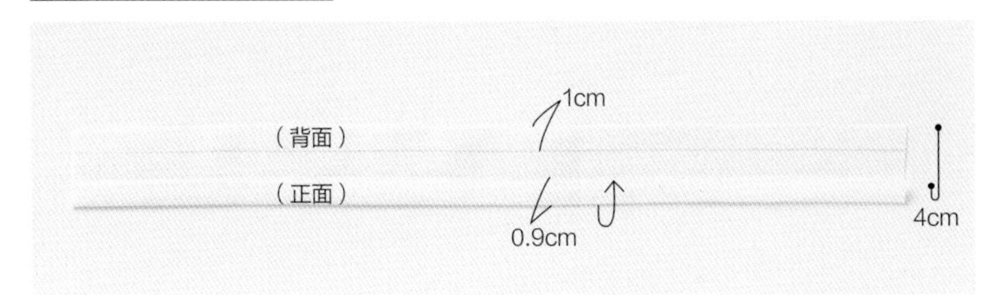

1. 将包边条的单侧长边如图所示进行折叠。另一侧长边在距离布边 1cm 的位置画标记线。

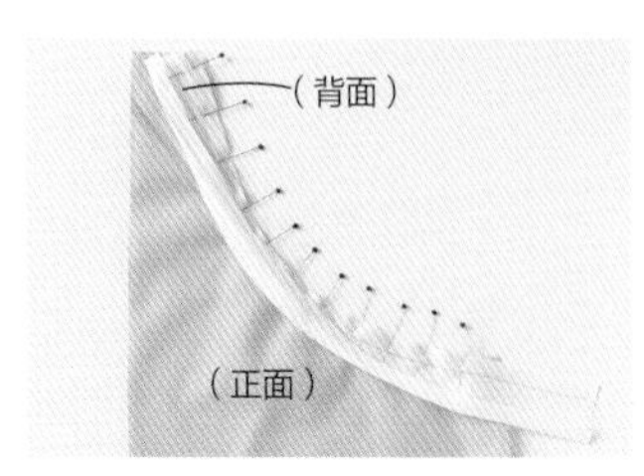

2. 与作品正面相对，并用珠针固定。

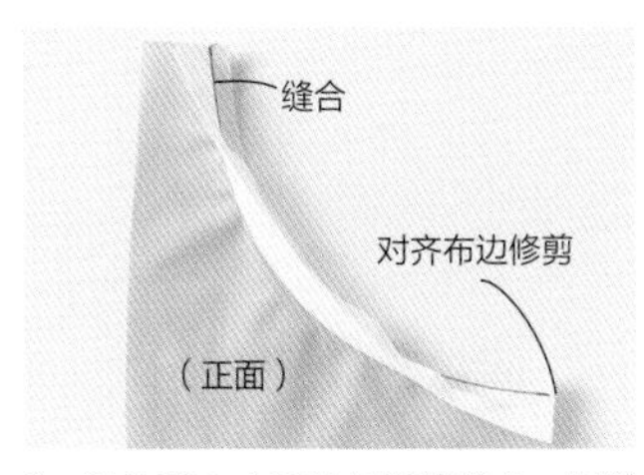

3. 沿步骤 1 中画的标记线缝合。初学者可以先进行疏缝固定，再缝合。

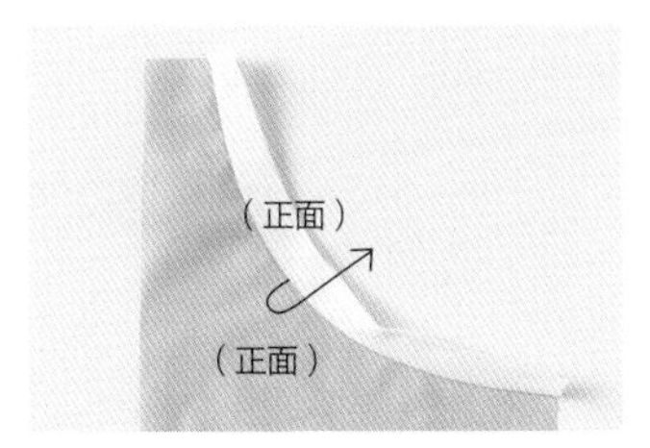

4. 沿步骤 3 中的线迹翻折包边条，进行熨烫。

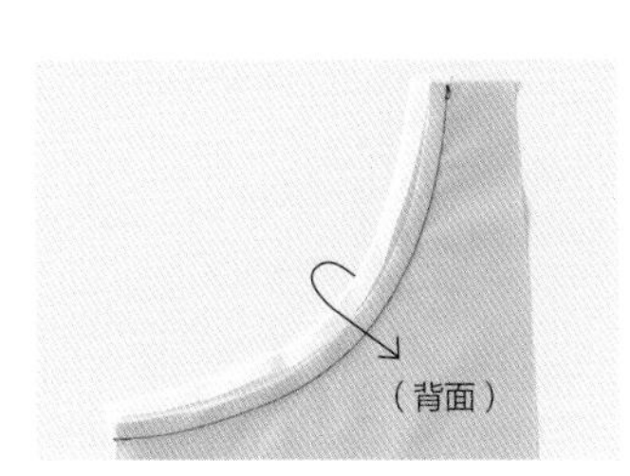

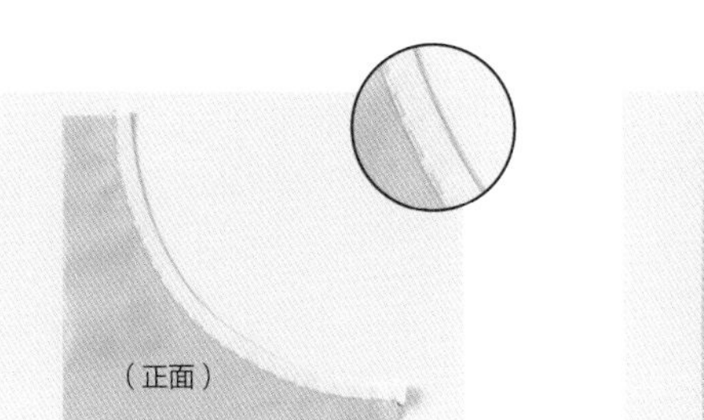

5. 将包边条沿布边卷起，并疏缝固定。正面如右图所示，沿步骤 4 中的线迹一边确认背面一边进行缝合。

（正面）

6. 如果想要包边条更加服帖，可以在正面加压一道机缝线迹。

包边（边缝、外曲线缝合）

这里介绍包边宽度 1cm 的方法。

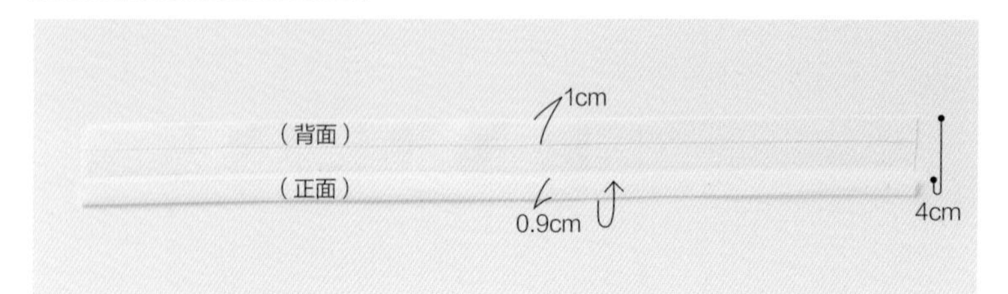

1. 将包边条的单侧长边如图所示进行折叠。另一侧长边在距离布边 1cm 的位置画标记线。

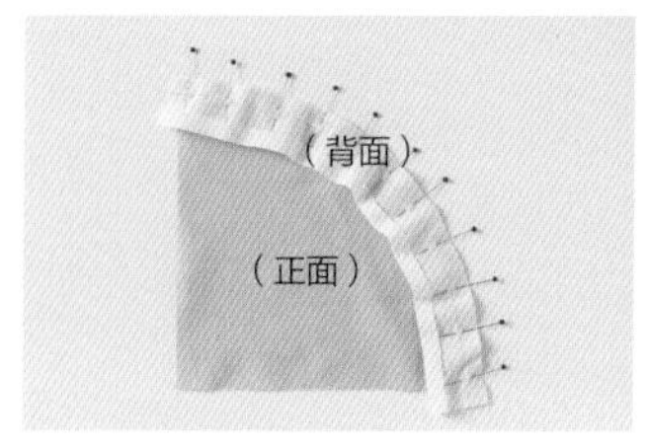

2. 与作品正面相对，并用珠针固定。

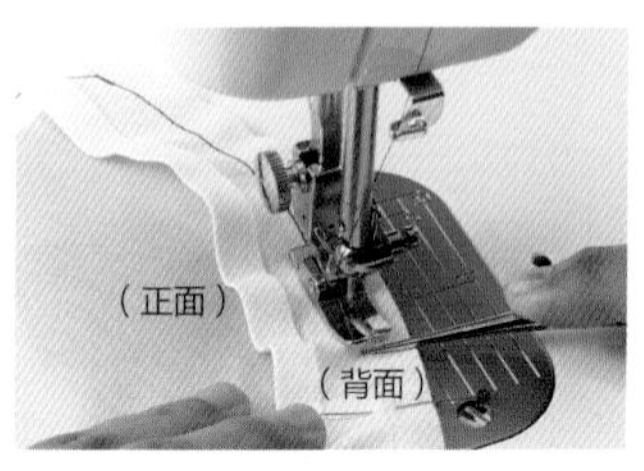

3. 缝合时要调整使包边条不要起褶皱。为使之平整，一边用锥子按住标记线一边进行缝合。

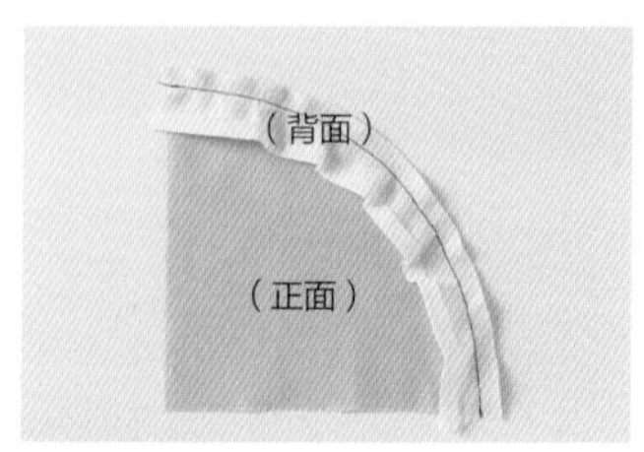

4. 缝合完成。

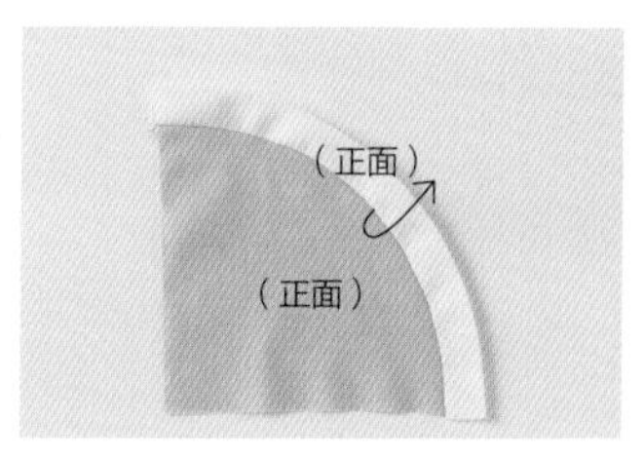

5. 沿步骤 4 中的线迹翻折包边条，并进行熨烫。

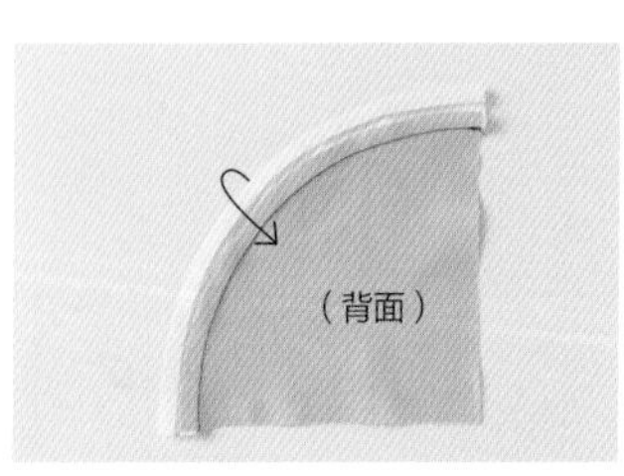

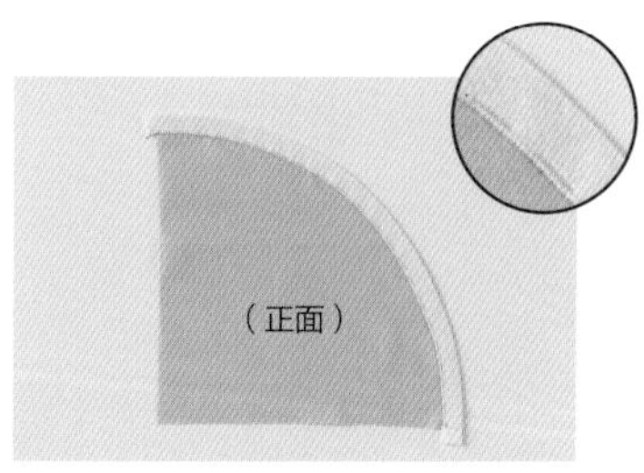

6. 将包边条沿布边卷起，并疏缝固定。正面如右图所示，沿步骤 4 中的线迹一边确认背面一边进行缝合。

7. 在正面压一道机缝线迹。

厚布、含铺棉时

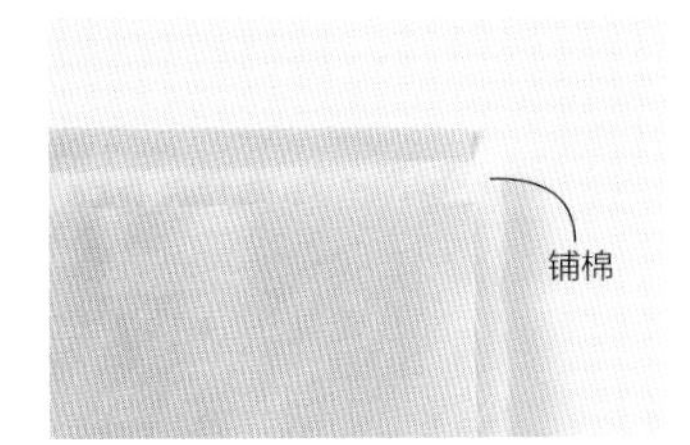

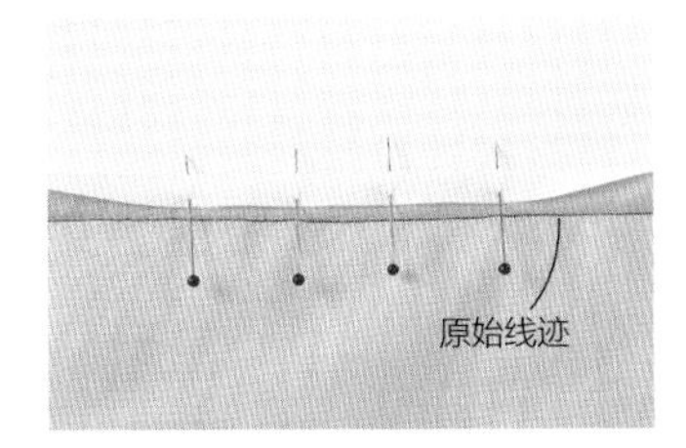

通常需要准备包边宽度 4 倍的包边条。在做包包或布艺小作品时难免会遇到使用比较厚的布料，或者中间有铺棉的情况（如左图所示），包边条不够盖住原始线迹（如右图所示）。此时需要修剪布边，准备合适宽度（包边宽度的 4 倍 + 包边的厚度）的包边条。

包边一周的接合

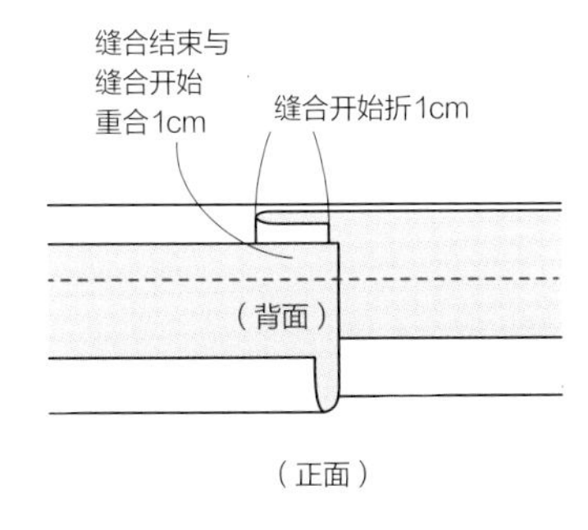

手缝时缝合方向相反

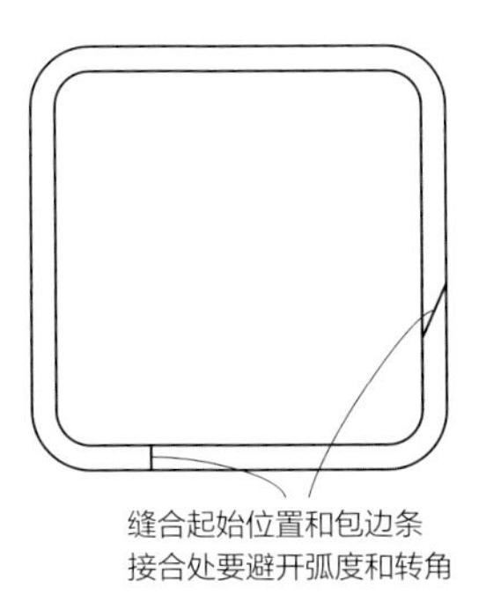

Q. 直线包边时，也必须要用斜裁布吗？

A. 斜裁包边条，是利用其伸缩特点从而使得弧度和转角也能被美观包覆。只是直线包边的话，不用斜裁布也可以。但是格子花纹布这种斜裁会改变图案的方向，为了设计一致需要，直线包边也用斜裁包边条。

索引

〈摄影协助〉

● 手工用品
可乐股份有限公司

● 黏合衬（p.18、19）
家庭手工股份有限公司

● 线（p.20）、线色卡（p.52）
富士克股份有限公司

● 布用铅笔、可消笔、口红胶（p.23）
Sewline 股份有限公司事业部

● 缝纫机
重机销售股份有限公司 家用缝纫机营业总部

● 包缝机（p.25）
Babylock 股份有限公司

● 拉链（p.72~77）
YKK 股份有限公司拉链事业总部

● 包边条（p.85）
Captain 股份有限公司

【附录　水洗标符号对照表】

自 2016 年以后，要求市售服装明确标示布料成分和洗涤方法。网店或手工市场销售的布料也同时满足这些规则，需要记住洗涤符号含义。

5 个基本符号

＋

附加符号

强度		温度		数字		禁止	
无线	普通	•	低温	50	比标示的数字温度低进行洗涤	×	与基本符号组合表示禁止
—	轻柔	• •	↓	40			
═	极轻柔	• • •	高温	30			

洗涤方法

洗涤	漂白	烘干	自然干燥（日晒 / 阴干）	熨烫	干洗
40 最高 40℃，“标准”机洗	可漂白	烘干温度可达 80℃	悬挂晾干	高温 200℃熨烫	P 可干洗
40 最高 40℃，“标准”机洗	只可使用含氧漂白剂	烘干温度可达 60℃	悬挂滴干	中温 150℃熨烫	F 可用石油系溶剂干洗
30 最高 30℃，“轻柔”机洗	不可漂白	不可烘干	平铺晾干	低温 110℃熨烫	不可干洗
最高 40℃，手洗			平铺滴干	不可熨烫	W 可加水
不宜家庭洗涤					不可加水

〈作者介绍〉

加藤容子 かとう ようこ

毕业于东京家政学院大学，之后继续在服装学校进修，随后一边指导学生，一边从事服装高定工作。现在从事为杂志、书籍供稿和作品制作、活动展览、缝纫机品牌的工作坊等工作。

〈日文版工作人员〉

书籍设计、插图（p.6~9）
佐佐木千代（双叶七十四）

电脑绘图
下野彰子

摄影
天野宪仁（日本文艺社）

编辑
山本晶子

原文书名：お裁縫の基礎
原作者名：加藤容子
OSAIHO NO KISO by Yoko Kato

Original Japanese edition published by NIHONBUNGEISHA Co.,Ltd.

著作权合同登记号：图字：01-2021-4745

图书在版编目（CIP）数据

零起点学缝纫：手缝机缝一本通 /（日）加藤容子著；宋菲娅译. -- 北京：中国纺织出版社有限公司，2021.10（2024.3 重印）
ISBN 978-7-5180-8739-6

Ⅰ. ①零… Ⅱ. ①加… ②宋… Ⅲ. ①服装缝制 Ⅳ. ① TS941.634

中国版本图书馆 CIP 数据核字（2021）第 149038 号

责任编辑：刘　茸　　特约编辑：施　琦　　责任校对：楼旭红
责任印制：王艳丽

中国纺织出版社有限公司出版发行
地址：北京市朝阳区百子湾东里 A407 号楼　邮政编码：100124
销售电话：010—67004422　传真：010—87155801
http://www.c-textilep.com
中国纺织出版社天猫旗舰店
官方微博 http://weibo.com/2119887771
北京通天印刷有限责任公司印刷　各地新华书店经销
2021 年 10 月第 1 版　2024 年 3 月第 5 次印刷
开本：889×1194　1/24　印张：4
字数：118 千字　定价：59.80 元

凡购本书，如有缺页、倒页、脱页，由本社图书营销中心调换